国际精神分析协会《当代弗洛伊德：转折点与重要议题》系列

论弗洛伊德的《分析中的建构》

On Freud's "Constructions in Analysis"

（巴西）塞尔吉奥·莱克维兹（Sergio Lewkowicz）
（法）蒂里·博卡诺夫斯基（Thierry Bokanowski）　主编
（法）乔治斯·佩几（Georges Pragier）

房超　译

全国百佳图书出版单位

·北京·

On Freud's "Constructions in Analysis" by Sergio Lewkowicz, Thierry Bokanowski, Georges Pragier
ISBN 978-1-85575-706-6
Copyright © 2011 by The International Psychoanalytical Association. All rights reserved.
Authorized translation from the English language edition published by International Psychoanalytical Association.

本书中文简体字版由 The International Psychoanalytical Association 授权化学工业出版社独家出版发行。

本版本仅限在中国内地（大陆）销售，不得销往其他国家或地区。未经许可，不得以任何方式复制或抄袭本书的任何部分，违者必究。

封面未粘贴防伪标签的图书均视为未经授权的和非法的图书。

北京市版权局著作权合同登记号：01-2020-7753

图书在版编目（CIP）数据

论弗洛伊德的《分析中的建构》/（巴西）塞尔吉奥·莱克维兹（Sergio Lewkowicz），（法）蒂里·博卡诺夫斯基（Thierry Bokanowski），（法）乔治斯·佩几（Georges Pragier）主编；房超译. —北京：化学工业出版社，2021.7（2024.4重印）

（国际精神分析协会《当代弗洛伊德：转折点与重要议题》系列）

书名原文：On Freud's "Constructions in Analysis"
ISBN 978-7-122-38858-2

Ⅰ.①论… Ⅱ.①塞…②蒂…③乔…④房… Ⅲ.①弗洛伊德（Freud，Sigmmund 1856-1939)-精神分析-研究 Ⅳ.①B84-065

中国版本图书馆 CIP 数据核字（2021）第 059011 号

责任编辑：赵玉欣　王　越　　　　装帧设计：关　飞
责任校对：王　静

出版发行：化学工业出版社（北京市东城区青年湖南街13号　邮政编码100011）
印　　装：北京建宏印刷有限公司
710mm×1000mm　1/16　印张11¼　字数162千字　2024年4月北京第1版第4次印刷

购书咨询：010-64518888　　　　　售后服务：010-64518899
网　　址：http://www.cip.com.cn
凡购买本书，如有缺损质量问题，本社销售中心负责调换。

定　价：59.80元　　　　　　　　　　　　　　版权所有　违者必究

推荐序

在 2021 年开年之际，这套"国际精神分析协会《当代弗洛伊德：转折点与重要议题》系列第二辑"的中文译本即将出版，这实在是一个极好的新年礼物。

在说这套书的内容之前，我想先分享一点我个人学习精神分析理论过程中那种既困难又享受、既畏惧又被吸引的复杂和矛盾的体会。

第一点是与同行们共有的感觉：精神分析的文献和文章晦涩难懂，就如《论弗洛伊德的〈分析中的建构〉》的译者房超博士所感慨的那样：

在最初翻译《论弗洛伊德的〈分析中的建构〉》时，有种"题材过于宏大"的感觉，后现代的核心词汇"建构"又如何与"精神分析"联系在一起呢？整个翻译的过程，有种"上天入地"的感觉，关于哲学、历史和宗教，关于各种精神分析的专有名词，有些云山雾罩……

但也恰恰是透过精神分析内容的深奥，才能感受到其知识领域之宽广、思想之深刻、眼光之卓越，虽难懂却又让人欲罢不能。这就要求我们在阅读和学习的过程中需要怀有敬畏之心，甚至需要动用自己的全部心智和开放的心态。最终，或收获类似房超博士的体验："但最后，当将所有的一切和分析的历程，和被分析者以及分析者的内在体验联系在一起的时候，一切都又变得那么真实、清晰和有连接感。"

我想说的第二点，是精神分析文献虽然晦涩难懂，但也可以让人"回味无穷"。正如《论弗洛伊德的〈哀伤与忧郁〉》的译者蒋文晖医生所言：

弗洛伊德的《哀伤与忧郁》是如此著名，如此经典，几乎没有一个学习精神分析的人不曾读过这篇文章。就像一百个人读《哈姆雷特》就有一百个哈姆雷特一样，我相信一百个人读《哀伤与忧郁》也会有一百种感悟、体会和理解。而就算是同一个人，每次读的时候又常常会有新的理解。所以在我翻译这本书的时候，既有很大的压力，但也充满了动力，就好像要去进行一场探险一样，因为不知道这次会发生什么……

这也引出了我想说的第三点，当我们不仅是阅读，而且要去翻译精神分析文献时，那就好比是专业上的一次攀岩过程，或是一场探险，在这个过程中，译者经历的是脑力、心智、专业知识储备和语言表述能力的多重挑战。正如译者武江医生在翻译《论弗洛伊德的〈论潜意识〉》后的感言：

……拿到这本《论弗洛伊德的〈论潜意识〉》著作的翻译任务后，我的心情难免激动而忐忑。尽管经过多年的精神分析理论学习，对于弗洛伊德的《论潜意识》的基本内容已有大概了解，但随着我开始重新认真阅读这篇写于100年前的原文，我的心情却逐渐变得紧张而复杂。这篇文章既结合了客观的临床实践和观察，又充满主观上的天马行空的想象，行文风格既结构清晰和紧扣主题，又随性舒展和旁征博引。一方面我为弗洛伊德的大胆假设而拍案叫绝，另一方面又感到里面有些内容颇为晦涩难懂，需要从上下语境中反复推敲其真正含义。有时候，即使反复推敲，我还是经常碰到无法理解之处，甚至纠缠在某个晦涩的句子和字词的细节之中难以自拔，这使翻译陷入困境，进程变慢……后来我开始试着用精神分析的态度去翻译这部作品，即抱着均匀悬浮注意力，先无欲无忆地反复阅读这部作品，让自己不去特别关注某个看不懂的句子和词语，而只是全然投入到阅读过程中（倾听过程），在逐渐能了解作品的主旨和中心思想后，那些具体语句和其之间的逻辑关系就变得逐渐清晰。

第四点，阅读精神分析文献和书籍，不仅会唤起我们对来访者的思考和理解，也会唤起我们对自己及人性与社会的思考。阅读不仅有助于心理治疗与咨询的知识积累和技能提高，更能深化对生命与人性的态度和理解，这也是精神分析心理治疗师培训中所传达的内涵。在这样的语境下，心理治疗中的患者不再仅仅是一个有心理困扰及精神症状的个体，同时也是在心理创伤下饱经沧桑却尽可能有尊严地活着的、有思想的、有灵魂的血肉之躯。从这个意义上讲，心理治疗与咨询中真正的共情只能发生在直抵患者心灵深处之时，那就是当我们不仅仅作为治疗师，同时也作为一个人与患者的情感发生共振的时候。

在此，我想引用《论弗洛伊德的〈女性气质〉》的译者闪小春博士的感想：

翻译这本书对我而言，不仅是一份工作、一种学习，也是一场通往我的内心世界和自我身份之旅，虽然这是一本严肃的、晦涩难懂的专业书，但其中的部分章节却让我潸然泪下，也有一些部分激励我变得坚定。对我个人而言，最有挑战的部分在于，如何思考和践行"作为一个自由、独立和有欲望的人（不仅是女人）"——不仅是在我的个人生活中，也在我的临床工作中。

最后说的第五点体会是，尽管这门学科博大精深，永远都有学不完的知识，精神分析师的训练和资质获得也很不容易，但这不应该成为精神分析心理治疗师盲目骄傲或过分自恋的资本。心理治疗师的学习和实践过程也是一个在可终结与不可终结之间不断探索和寻求平衡的过程。"学海无涯"不一定要"苦作舟"，也可以"趣作舟"，当然"勤为径"也是必不可少的要素。当一个人把自己的职业当作事业来做时，大概就可以认为是接近"心存高远"的境界了吧。

下面就弗洛伊德五篇文章及五本书的导论做一个读后感式的总结。

第一部：《论弗洛伊德的〈哀伤与忧郁〉》

导论作者马丁·S. 伯格曼（Martin S. Bergmann）认为，这篇文章是弗洛伊德最杰出的作品之一，他称赞道："不断地比较正常的和病理性的事物是弗洛伊德的伟大天赋之一，这种天赋也在很大程度上使'弗洛伊德'成为二十世纪不朽的名字之一。"我对弗洛伊德这篇文章中印象最深刻的一句话是："在哀伤中，世界变得贫瘠和空洞（poor and empty）；在忧郁中，自我本身变得贫瘠和空洞。"想到 100 多年前弗洛伊德就对抑郁有了如此深入的解读，就再一次感到这位巨匠的了不起。导论作者对本书的每一章都做了总结，归纳如下三点：

一是将对弗洛伊德思想持不同观点的分析师们划分为异议派、修正派及扩展派。这部论文集的作者来自七个国家，他/她们多数受修正派克莱茵的影响（但导论作者又认为最好把她看作扩展者）。他强调，"享受阅读本书的先决条件是对当前IPA内部观点的多样性持积极的态度"。

二是谈及《哀伤与忧郁》，就必然要涉及弗洛伊德另外一篇著名的文章《论自恋》，前者是对后者的延伸，被看作是弗洛伊德从所谓的驱力理论到客体关系理论的立场转变。

三是哀伤的能力是我们所有人都必须具备的一种能力。进一步而言，"哀伤过程有两个主要目的，一是为了修通爱的客体的丧失，二是为了摆脱一个内在的、迫害性的、自我毁灭性的客体，这个客体反对快乐和生命"。

第二部：《论弗洛伊德的〈论潜意识〉》

导论作者萨尔曼·艾克塔（Salman Akhtar）认为，弗洛伊德的《论潜意识》这篇文章涵盖了"个体发生、临床观察、语言学、神经生理学、空间隐喻、通过原初幻想来显示的种系发生图式、思维的本质、潜在的情感"等非常广阔的领域，并且与他的另外四篇文章（指《本能及其变迁》《压抑》《关于梦理论的一个元心理学补充》《哀伤与忧郁》）一起，做到了弗洛伊德自己希望达成的"阐明和深化精神分析的系统"。

导论作者从弗洛伊德的这篇文章中提炼出了12个命题，"以说明它们是如何被推崇、被修饰、被废弃，或被忽视的"。他在导论的结束语中对本书做了简短的概括和总结，并给予了高度评价。对于这本书的介绍，我想不出还有比直接推荐读者先看艾克塔博士的导论更为合适的选择，特别是他做出的12个命题的归纳和总结，我认为是精华中的精华。相信读者在阅读这本书时会首先被他的导论吸引，因为导论本身已经可以被视为一篇独立的、富有真知灼见的文章了。

我个人特别喜欢弗洛伊德对潜意识做出的非常生动的比喻："潜意识的内容可比作心灵中的土著居民。如果人类心灵中存在着遗传而来的心灵内容——类似于动物本能——那它们构成了Ucs.的核心。"

第三部：《论弗洛伊德的〈可终结与不可终结的分析〉》

这篇文章写自弗洛伊德的晚年（发表于1937年），也是相对不那么晦涩难懂的一篇文章。"可终结与不可终结的分析"这样的命题本身就让人联想到永恒与无限的话题，同时也自然而然地想到我们自己接受精神分析时的体验以及我们的来访者。导论作者认为"这篇阐述具体治疗技术的论文实质上是一篇高度元心理学的论文"，这让我联想到关于精神分析师的工作态度的议题。读了弗洛伊德的原文和三位作者写的导论，并参考译者林瑶博士的总结之后，归纳以下几点：

（1）精神分析对以创伤为主导的个案能够发挥有效的疗愈作用，而阻碍精神分析治疗的因素是本能的先天性强度、创伤的严重性，以及自我被扭曲和抑制的程度。也就是说，这三个因素决定了精神分析的疗效。

（2）精神分析治疗起效需要足够的时间。弗洛伊德列举了两个他自己20年前和30年前的案例来说明这个观点，他指出："如果我们希望让分析治疗能达到这些严苛的要求，缩短分析时长将不会是我们要选择的道路。"

（3）精神分析的疗效不仅与患者的自我有关，还取决于精神分析师的个性。弗洛伊德提出，由于精神分析工作的特殊性，"作为分析师资格的一部分，期望分析师具有很高的心理正常度和正确性是合理的"。虽然他提出的分析师都应该每五年做一次自我分析的建议恐怕没有多少人能做到，但精神分析师需要遵从的工作原则就如弗洛伊德所说："我们绝不能忘记，分析关系是建立在对真理的热爱（对现实的认识）的基础之上的，它拒绝任何形式的虚假或欺骗。"导论作者认为，弗洛伊德在这篇文章中对精神分析中不可逾越的障碍提出了清晰的见解，"这些障碍并非出于技术的限制，而是出于人性"。

第四部：《论弗洛伊德的〈女性气质〉》

我在通读了一遍闪小春博士翻译的弗洛伊德的《女性气质》及导论之后，有一种感触颇多却无从写起的感觉。当我看了导论中总结的弗洛伊德文章中提出的富有广泛争议的几个议题后，便自然地推测这本书应该是集结了精神分析领域关于女性气质研究的最广泛和最深刻的洞见与观点。导论的作者之一利蒂西娅·格洛瑟·菲奥里尼（Leticia G. Fiorini）是 IPA 系列出版丛书的主编，她在《解构女性：精神分析、性别和复杂性理论》（*Deconstructing the Feminine：Psychoanalysis, Gender and Theories of Complexity*）一书中，有一段这样的描述："人们所属的性别是由母亲的凝视和她们所提供的镜像认同支撑的，而这些则为人们提供了一种有关女性认同或男性认同的核心想象。"

关于女性气质的论述让我自然地联想到中国文化中男尊女卑的观念对中国女性身份认同的影响，我想这远比弗洛伊德提出的女性的"阴茎嫉羡"要严重得多。虽然如今中国女性已经获得了更高的家庭和社会地位及话语权，但在我们的心理治疗案例中，受男尊女卑观念伤害的中国女性来访者仍然比比皆是。我想译者闪小春博士对本书作者观点所作的总结也应该是中国女性的希望所在："女孩三角情境的终极心理现实不是阴茎嫉羡而是忠诚和关系的平衡问题……在女性气质和男性气质形成之前的生命之初，有一个非性和无性的维度，即人性的维度……当今，女人不再被视为仅仅是知识和欲望的客体，是'另一性别'，是'他者'；她也可以成为自己，可以超越二分法的限制，从一个自由的位置出发，根据自己的需要创造性地选择爱情、工作、娱乐、家庭和是否成为母亲。"

第五部：《论弗洛伊德的〈分析中的建构〉》

这篇文章也是弗洛伊德的晚年之作，是对精神分析治疗本质的一个定性和论述，大家所熟知的弗洛伊德将精神分析的治疗过程比喻为考古学家的工作就是出自这篇文章。但在这篇文章中，他也强调了精神分析不同于考古学家的工作：①我们在分析中经常遇到的重现情形，在考古工作中却是极其罕见的……建构仅仅取决于我们能否用分析技术把隐藏的东西带到光明的地方；②对于考古学家来说，重建是他竭尽努力的目标和结果，然而对于分析师来说，建构仅仅是工作的开始。接着，他又借用了盖房子的比喻，指出虽然建构是一项初步的工作，但并不像是盖房子那样必须先有门窗，再有室内的装饰。在精神分析的情景里，有两种方式交替进行，即分析师完成一个建构后会传递给被分析者，以便引发被分析者源源不断的新材料，然后分析师以相同的方式做更深的建构。这种循环以交替的方式不断进行，直到分析结束。

在文章的最后，弗洛伊德将妄想与精神分析的建构做了类比，"我还是无法抗拒类比的诱惑。病人的妄想于我而言，就等同于分析治疗过程中所做的建构……我们的建构之所以有效，是因为它恢复了被丢失的经验的片段；妄想之所以有令人信服的力量，也要归功于它在被否定的现实中加入了历史的真相"。

这本书导论的作者乔治·卡内斯特里（Jorge Canestri）也是一位多次来我国做学术交流和培训的资深精神分析师。他对本书的每一个章节都做了精练的概括和总结，给读者提供了很好的阅读索引。

这套书中文译版初稿完成恰逢 IPA 在中国大陆的分支学术组织——IPA 中国学组（IPA Study Group of China）被批准成立之时（2020 年 12 月 30 日 IPA 网站发布官宣）。从 2007 年 IPA 中国联盟中心（IPA China Allied Center）成立，到 2008 年秋季第一批 IPA 候选人培训开始，再到 2010 年 IPA 首届亚洲大会在北京召开、中国心理卫生协会旗下的精神分析专委会成立，我们感受到两代精神分析人的不懈努力。非常感谢 IPA 中国委员会（IPA China Committee）和 IPA 新团体委员会（International New Group Committee）对中国精神分析发展的长期支持，以及国内精神分析领域同道们的共同努力。

当然，能使这套书问世的直接贡献者是八位译者和出版社，除了我上面提及的房超、蒋文晖、武江、闪小春、林瑶外，译者还有杨琴、王兰兰和丁瑞佳，他/她们都是正在接受培训的 IPA 会员候选人，也是中国精神分析事业发展的中坚力量。我在撰写这篇序言前，邀请每本书的译者写了简短的翻译有感，然后节选了其中的精华编辑在了序言的前半部分。

在将要结束这篇序言时，我意识到去年此时正是新冠肺炎疫情最严峻的日子，心中不免涌起一阵悲壮和感慨。我们生活在一个瞬息万变的时代，人类在大自然中的生存和发展早有定律，唯有保持对大自然的敬畏之心和努力善待我们周围的人与环境才是本真，而达成这一愿望的路径之一就是用我们的所学所用去帮助那些需要帮助的人们。相信这套书会为学习和实践精神分析心理治疗的同道们带来对人性、对精神分析理论与技术的新视角和新启发，从而惠及我们的来访者。

杨蕴萍，2021 年 1 月 23 日于海南
首都医科大学附属北京安定医院主任医师、教授
国际精神分析协会（IPA）认证精神分析师
IPA 中国学组（IPA Study Group of China）成员

国际精神分析协会出版委员会第二辑[1]
出版说明

国际精神分析协会出版物委员会（The Publications Committee of the International Psychoanalytical Association）已决定继续编辑和出版《当代弗洛伊德：转折点与重要议题》(Contemporary Freud)系列丛书，该丛书第一辑完结于2001年。这套重要的系列丛书由罗伯特·沃勒斯坦（Robert Wallerstein）创立，由约瑟夫·桑德勒（Joseph Sandler）、埃塞尔·S.珀森（Ethel Spector Person）和彼得·冯纳吉（Peter Fonagy）首次编辑，它的重要贡献引起了各流派精神分析师的极大兴趣。因此，在重启《当代弗洛伊德：转折点与重要议题》系列之际，我们非常高兴地邀请埃塞尔·S.珀森为丛书第二辑作序。

本系列丛书的目的是要从现在和当代的视角来探讨弗洛伊德的作品。一方面，这意味着突出其作品的重要贡献——它们构成了精神分析理论和实践的坐标轴；另一方面，这也意味着我们有机会去认识和传播当代精神分析学家对弗洛伊德作品的看法，这些看法既有对它们的认同，也有批判和反驳。

本系列至少考虑了两条发展路线：一是对弗洛伊德著作的当代解读，重

---

[1] 《当代弗洛伊德：转折点与重要议题》（第二辑）简称"第二辑"。——编者注

新回顾他的贡献;二是从当代的解读中澄清其作品中的逻辑观点和理论视角。

弗洛伊德的理论已经发展出很多分支,这带来了理论、技术和临床工作的多元化,这些方面都需要更多的讨论和研究。为了在日益繁杂的理论体系中兼顾趋同和异化的观点,有必要避免一种"舒适和谐"的状态,即不加批判地允许各种不同的理念混杂在一起。

因此,这项工作涉及一项额外的任务——邀请来自不同地区的精神分析学家,从不同的理论立场出发,使其能够充分表达他们的各种观点。这也意味着读者要付出额外的努力去识别和区分不同理论概念之间的关系,甚或是矛盾之处,这也是每位读者需要完成的功课。

能够聆听不同的理论观点,也是我们锻炼临床工作中倾听能力的一种方式。这意味着,在倾听中应该营造一个开放的自由空间,这个空间能够让我们听到新的和原创性的东西。

在《分析中的建构》中,弗洛伊德引入了建构(construction)的概念,这不同于解释(interpretation),前者在特定的情境下,对重构关于某个主题的婴儿期成长史的部分内容来说是必要的。建构与重构(reconstruction)的区别,以及哪里是分析师干预的极限,从而避免提出与病人的表述格格不入的建议,是目前关于这一主题的部分争论。

编辑蒂里·博卡诺夫斯基(Thierry Bokanowski)、塞尔吉奥·莱克维兹(Sergio Lewkowicz)和乔治斯·佩几(Georges Pragier)与本卷的作者一起接受了思考弗洛伊德思想及其在当代应用的这一巨大挑战。

特别感谢国际精神分析协会主席查尔斯·汉利(Charles Hanly)和这一主题的编辑和作者们,他们的工作令《当代弗洛伊德:转折点与重要议题》系列更加充实和丰富。

利蒂西娅·格洛瑟·菲奥里尼(*Leticia Glocer Fiorini*)
丛书编辑
IPA 出版委员会主席

前　言

我们很荣幸在《当代弗洛伊德：转折点与重要议题》系列中介绍这本新书，通过讨论和新的发展更新西格蒙德·弗洛伊德的开创性工作。

解释？建构？解构？重构？

正如弗洛伊德在他的论文《分析中的建构》（Freud，1937d）[这篇文章的写作时间和《可终结与不可终结的分析》（*Analysis Terminable and Interminable*）（Freud，1937c）大致相同]中所说，精神分析工作的目的基本上是解除压抑（repression），从而解除婴儿期健忘症，也可能修复早期的情绪体验。为了达到这个目标，分析师有两种方法，也就是两种可用的工具：解释与建构。

在这个术语的经典意义上，解释是指对碎片化的材料赋予意义，从而促进对其背后的潜意识议题的理解；而建构是在之前解释的基础上，将这些材料的元素组合在一起，使之变得有序而完整；在某些情况下这会合成一个假设，为相关的婴儿期冲突带来新的理解。

从一般的意义上来说，我们如何区分解释和建构？从技术的角度来看，我们应该对两者进行对比吗？如果我们说，每一个解释都必然包含了一定程度的建构，这难道不是事实吗？——反过来说，任何给出的建构一定是建立在解释的基础上，这样对吗？也许，我们应该考虑在解释和建构之间存在着一种必要的"循环"。

在精神分析治疗的哪些特殊时刻，我们会将建构放在高于解释的最优先的位置之上？同理，在什么情况下，我们可以说建构是必要的——甚至是不可或缺的一个步骤？从根本上说，当一些元素在咨询中重现时，尽管在这个过程中会有所解释，但没有什么"被压抑的回忆"是可以重新体验的。也就是说，当回忆变得不可能发生时——因为已经被擦除，或者完全缺失，当我们在心智模式中找到的任何"记忆的痕迹"都根植于创伤或者发生在言语能力获得之前时，我们又该如何进行建构呢？

建构是否也意味着解构（de-construction）？随后还要进行重构？在这种情况下，建构与"真实的材料"如何参照对比？二者之间有着怎样的关系？建构的工作如何让"历史的真相"能够被重建（Freud,1939a[1937-1939]）？

反移情（countertransference）在建构工作中起什么样的作用？正如正在进行的分析工作所证明的那样，在分析过程中，建构和反移情的比重是怎样的？

我们要感谢这些论文的作者，他们就这些议题进行了深入的讨论和深度的洞察。我们还要感谢国际精神分析协会出版委员会提出的宝贵建议和大力支持。感谢出版社荣达·宝迪卡（Rhoda Bawdekar）的敬业精神和高效工作。

蒂里·博卡诺夫斯基❶（Thierry Bokanowski）
塞尔吉奥·莱克维兹❷（Sergio Lewkowicz）
乔治斯·佩几❸（Georges Pragier）

---

❶ 蒂里·博卡诺夫斯基是巴黎精神分析学会（Paris Psychoanalytical Society，SPP）的培训和督导分析师，国际精神分析协会的成员；也是巴黎精神分析学会执行委员会的前秘书，巴黎精神分析学会科学委员会现任主席。他在各种精神分析期刊［包括《国际精神分析杂志》（*International Journal of Psychoanalysis*）］上发表了许多论文。他写的《桑多·费伦齐》（*Sándor Ferenczi*）(Bokanowski, 1977) 已经被翻译成几种语言，以及 *De la Pratique analytique*（Bokanowski, 1998）被翻译为《精神分析实践》(*The Practice of Psychoanalysis*，2006)。

❷ 塞尔吉奥·莱克维兹是波尔图阿雷格里港精神分析学会（Porto Alegre Psychoanalytic Society，SPPA）的培训和督导精神分析学家，目前是该学会的主席。他还是南里奥格兰德联邦大学医学院精神病学系精神分析心理治疗的教授和督导。他是在新奥尔良举行的 IPA 第 43 届大会（2004年）程序委员会的成员，主体报告全体会议讨论者。他曾任 IPA 出版委员会成员（2001～2009），曾任《南里奥格兰德精神病学杂志》(*Psychiatry Journal of Rio Grande do Sul*) 编辑，也曾任南里奥格兰德精神病学协会主席。他发表了许多关于精神分析技术的论文。

❸ 乔治斯·佩几是巴黎精神分析学会的培训和督导分析师。他是法兰西大学出版社出版的许多精神分析专著的作者，并与西尔维·福尔·佩几（Sylvie Faure-Pragier）一起撰写了《精神分析心理学》(*Repenser la Psychananlyse avec les sciences*，2007)；他是法兰西大学出版社的编辑，并且是法国及法语国家心理学会（*Congrès des Rsychanalystes de Langue Française*，CPLF）的现任科学秘书。

目 录

001 **导论**
乔治·卡内斯特里（Jorge Canestri）

007 **第一部分　《分析中的建构》**（1937d）

西格蒙德·弗洛伊德（Sigmund Freud）

019 **第二部分　对《分析中的建构》的讨论**

021 弗洛伊德对"建构"的基本假设
米凯尔·桑登（Mikael Sundén）

027 建构：精神分析工作的重要范式
雅克·普雷斯（Jacques Press）

039 当代精神分析中的重构
哈罗德·P. 布卢姆（Harold P. Blum）

050 建构与历史化
埃布尔·法恩斯坦（Abel Fainstein）

063 创造性建构
米歇尔·伯特兰（Michèle Bertrand）

| 075 | 建构的过去与现在
霍华德·B. 莱文（Howard B. Levine）

| 088 | 事实与经验：弗洛伊德《分析中的建构》
大卫·贝尔（David Bell）

| 110 | 精神分析中的时间难题
伊莱亚斯·马利特·达罗查·巴罗斯（Elias Mallet da Rocha Barros）
伊丽莎白·利马·达罗查·巴罗斯（Elizabeth Lima da Rocha Barros）

| 128 | 关于解构
斯特凡诺·博洛尼尼（Stefano Bolognini）

| 149 | **参考文献**

| 161 | **专业名词英中文对照表**

导 论

乔治·卡内斯特里❶（Jorge Canestri）

---

❶ 乔治·卡内斯特里是一名精神病学家和精神分析学家。他是意大利精神分析协会（Italian Psychoanalytical Association，AIPsi）和阿根廷精神分析协会（Argentine Psychoanalytic Association，APA）的培训和督导分析师，是 IPA 的正式成员。他于 2004 年获得玛丽·S. 西格尼奖（Mary S. Sigourney Award），并担任尼斯 IPA 第 42 届大会（2001 年）主席。他是《国际精神分析杂志》欧洲编辑、纽约 Philoctete 咨询委员会成员、IPA 欧洲全球代表（2005～2007）、执行委员会欧洲代表（2007～2009）。他是 IPA 国际新团体委员会主席（2009 年起）和意大利精神分析协会主席（2007～2011）。他在书籍和评论中发表了许多精神分析论文，并且是《无意识的通天塔：精神分析维度中的母语和外语》（*The Babel of the Unconscious: Mother Tongue and Foreign Languages in the Psychoanalytic Dimension*）的合著者。他编著的作品包括《多元化与统一？精神分析研究的方法》[*Pluralism and Unity? Methods of Research in Psychoanalysis* (Jorge Canestri，Marianne Leuzinger-Bohleber，& Anna Ursula Dreher)]《精神分析：从实践到理论》(*Psychoanalysis: from Practice to Theory*)《语言、象征和精神病》[*Language，Symbolisation and Psychosis* (G. Ambrosio，S. Argentieri，& Jorge Canestri)]《精神分析中的时间体验》[*The Experience of Time in Psychoanalysis* (Jorge Canestri & Leticia Glocer Fiorini)]，他还是"心理分析与逻辑数学思想"（Psychoanalysis and Logical Mathematical Thought）网页的负责人。

这本书向读者陈述了现代精神分析思想中关于分析中的建构这一主题。

该丛书致力于对弗洛伊德的重要著作进行解读，到目前为止尤其有益的是，它对弗洛伊德直至晚年的精神分析临床思想进行了批判性的研究。和《分析中的建构》联系在一起的至少还有另外一篇文章，即写作时间稍微早了一些的《可终结与不可终结的分析》（Analysis Terminable and Interminable）（Freud，1937c）。文章中有益的反思，开启了为"非神经症"（non-neurotic）病人进行分析的话题——这是一种流行的表达，它包括了形形色色的严重病理问题。

在第一篇《弗洛伊德对"建构"的基本假设》中，米凯尔·桑登（Mikael Sundén）想知道是否有可能对弗洛伊德单独的一篇文章进行评论，因为弗洛伊德的所有论文所表达的思想，在某种程度上都是以某种特殊的方式交织在一起的。他还想知道，我们是否应该毫无异议地接受，我们正在研究的这篇论文是属于技术论文系列的，因为他认为它与关于文化、宗教的重要论述，以及历史真相（historical truth）的概念有着更密切的关系。他反对弗洛伊德用自然主义方法论述精神生活，而支持戴维森（Davidson）的观点，后者反对心理物理定律的存在，反对将精神分析归入解释学领域。接下来是对历史真相、信念（beliefs）和妄想（delusions）之间关系的反思。

在第二篇《建构：精神分析工作的重要范式》中，雅克·普雷斯（Jacques Press）认为，不仅从很多人都相信的技术观点的角度，而且从其理论核心的一般观点，尤其是从关于创伤及其后果的论述出发，都证明了1935年至1939年的这段时间是弗洛伊德思想最后的转折期。不仅如此，普雷斯认为这些年弗洛伊德的著作也预见了后弗洛伊德时代重要的理论发展。这一篇中就探讨了其中的一些问题。作者引入了被动位置（passive position）的概念，参照费恩（Fain）、温尼科特（Winnicott）和格林（Green）的著作，考察了隐含的退行（regressive）模式。建构的真相必须参照生活史的真相，并且，像桑登在第一篇谈到的那样，普雷斯也强调了历史的真相与妄想之间的关系。普雷斯识别出退行模式中的一个"精神分析工作的新概念"："尽可能回溯到最早的源头"。

在第三篇《当代精神分析中的重构》中，哈罗德·P. 布卢姆（Harold

P. Blum）认为，正像上面提到的那样，建构是"分析师与被分析者共同互动的过程"，也"是心理分析治疗效果重要的推动力"，它与重构之间的区别并没有得到清晰的界定（与桑德勒的建议相反）。借助现代神经科学和现代发展理论，布卢姆强调，仔细阅读弗洛伊德关于记忆的概念，能够让我们得到清晰的理解。我们能接触到的"记忆"总是"屏幕记忆"（screen memories）：在记忆中，过去的痕迹受制于"转换"和变形、压抑（或分裂）、压抑的回溯，被一次次重复，进入随后的压抑、分裂、变形，等等，在这样复杂的结构中，包含着其真相的核心。弗洛伊德在这些文章中谈到，精神生活中没有什么会被彻底地摧毁——但这当然也不是遥远过去的真实写照。

布卢姆引用了格里纳克（Greenacre）的说法，后者认为我们对病人的分析工作最初始于建构（更多的是推测），随后继续在更长期的分析工作的基础上提出重构的假设。作者还提醒了分析师个人对重构可能带来的影响。我认为，分析师个人的内隐理论（implicit theories），是当代精神分析值得仔细思考的议题（Canestri，2006）。

在第四篇《建构与历史化》中，埃布尔·法恩斯坦（Abel Fainstein）想知道的是，从最初的弗洛伊德追随者的理解出发，建构是否已经在精神分析工作中失去了核心地位。他发现，压抑的、被遗忘的材料消退为缺乏表征的记忆痕迹，这让人想起了马鲁科（Marucco）所说的"失散的记忆痕迹"（ungovernable mnemonic traces）。当代精神分析很大程度上值得肯定的部分是，可以优先处理缺失或没能进行心智化和象征化的材料。法恩斯坦继续仔细分析了弗洛伊德学派所经历的关于建构概念的发展，将历史化作为分析工作的重心。作者引用里德（Reed）的观点，后者强调将重构应用于神经症患者被压抑的表征，从而重新启动其自由联想（free associations）是非常重要的。我们可以从第三章布卢姆的文章中看到，在美国的精神分析中，建构与重构之间的界线是模糊的。

在第五篇《创造性建构》中，米歇尔·伯特兰（Michèle Bertrand）在开篇就提醒我们，分析最重要的是解构，它的含义始于"*analuein*"，描述了一个阐明"包装得太过整齐的叙述"的过程。这也是第九篇斯特凡诺·博洛尼尼（Stefano Bolognini）谈到的主题。之后，伯特兰致力于论述如何从一般的建构中区分出有创造性的建构。创造性建构指的是"无法检索的心理事件的痕迹"——这些痕迹需要使用反移情（countertransference）进行检索。正如前面提到的那样，这是现代精神分析中占据主导地位的思想。伯特兰也提到了目前受到关注的另外一个问题，即解释与建构的关系，她引用了古鲁特（Ferruta）的观点。她认为建构的内容应该更接近于"重述"（recapitulation），她赞同奥莱格（Aulagnier）的观点，认为应该揭示其结构。

在第六篇《建构的过去与现在》中，霍华德·B. 莱文（Howard B. Levine）将这个议题与弗洛伊德关于治疗作用的理论联系在一起，弗洛伊德在这些最后的作品中进行了改变和改进。就像其他作者和弗洛伊德本人一样，莱文认为在处理"某些形成性经历……要么太早（前言语期），要么太创伤（超出了快乐原则），要么因防御过于强烈而无法回忆"时会优先考虑建构。在这些情况下，作者强调反移情的幻觉（当它作为分析师的部分，反过来能够为病人的一些反应做出归因）——暗示和顺从——都会出现。在一定的程度上，建构（从本质上来说跟解释一样）是一些推测，这个过程会在不确定、坚信和不确定之间流转。

在第七篇《事实与经验：弗洛伊德〈分析中的建构〉》中，对于弗洛伊德提出的问题"比它表面上的焦点要广泛得多"，大卫·贝尔（David Bell）同意雅克·普雷斯和其他人的观点。关于治疗过程性质，以及真相在其中可能扮演的角色的考虑，让他定义出一个远远超出精神分析技术的领域，而包含了"深刻的哲学含义"。而且，这些含义影响了临床工作的结果。贝尔根据这些问题，就分析中的建构这一议题，对克莱因学派的技术进行了详细的描述。他清晰地表明，"知识的获得——知识作为一系列的事实——从来都不是精神分析的目标……那并不是患者需要的知识，而是克服对知识获得的阻抗（resistance）"——尤其是，对自我认知的阻抗。这使他更加强调"想要知道"（coming to know），而不是"知道"（knowing）。被回忆起来的纯粹的事实——被贝尔描述为确定无疑的事实——通常没有治疗效果。让我们感兴趣的是这些纯粹的事实与在分析室里，以及与他人关系中被赋予生命的实体之间的区别。

在第八篇《精神分析中的时间难题》中，伊莱亚斯·马利特·达罗查·巴罗斯（Elias Mallet da Rocha Barros）和伊丽莎白·利马·达罗查·巴罗斯（Elizabeth Lima da Rocha Barros）将他们对弗洛伊德文献的解读转向对精神分析中的时间性的思考。他们认为谱系性（genealogic）的观点比时间性（chronological）的更加富有成果："正如弗洛伊德所认为的那样，比起填补患者历史空白的功能，富有表现力的回忆对于被带回现实并以情感记忆（memory in feelings）的形式重生的经验来说，是更加重要的。"情感记忆是梅兰妮·克莱因（Melanie Klein）的一种快乐的表达。与克莱因的临床工作相一致，作者提到露丝·里森伯格-马尔科姆（Ruth Riesenberg-Malcolm）的观点："重要的是我们的解释是否整合了依然活跃的过去，这些经过转换的表现，包含了可推断的历史性的过去。"作者将克莱因学派分析师的思想与安德烈·格林（André Green）对普鲁斯第安插曲的思考联系起来：对经验进行选择，并唤起情感的过程对重启其他维度的意义来说是有用的——如果它们被组织成一连串的意义。因此，建构的治疗性价值将与象征化过程的完善联系在一起。

最后，在第九篇《关于解构》中，正如伯特兰在第五章中提到的那样，斯特凡诺·博洛尼尼再次强调了解构的本质被包含在术语"分析"（analysis）的含义之中。博洛尼尼随后将解构作为他论文的主题。他提出，解构被应用于"一个不能被分解的客体"，这会涉及客体的幻想、性格特征和主体的系统人格。作者提供了各种临床案例以展示不同类型的解构：通过消解（lyses）解构、通过关键点（crises）解构、从病人的角度进行解构、从分析师的角度进行解构，等等。临床案例使作者能够做出一些技术上的建议。

我想从这一点出发，读者会从这些讨论中看到当代精神分析可以包含各种构想：这是精神分析理论多元化的结果，但布卢姆也提出，每位分析师在其临床工作和理论建构中都具有个人的影响力。毫无疑问，这本书能够为许多问题提供答案，并成为更多反思的起点。尽情享受阅读的乐趣吧！

第一部分
《分析中的建构》
(1937d)

西格蒙德·弗洛伊德（Sigmund Freud）

I

虽然大多数人都觉得自己没有义务要公正地对待精神分析，但一位著名的科学家却这样做了，在我看来，这是非常值得赞扬的。然而，他曾对分析技术发表的一个看法却是既带有侮辱性又不公正的。他说，在给病人解释时，我们根据著名的"正面我赢，反面你输"（Heads I win, tails you lose）原则来治疗他。❶ 也就是说，如果病人同意我们的观点，那么这个解释就是正确的；但如果他反驳我们，那只是他阻抗的一种迹象，而这又表明我们是对的。这样，无论我们正在分析的可怜、无助的人对我们提出的解释如何反应，我们总是对的。的确，病人的"不"并不足以使我们认为一个解释是不正确的并放弃它，但很多反对精神分析的人将其当作分析技术本质的揭示，因此，我们有必要详细地描述一下，对于病人的"是"或"不是"——赞同或否认的表达，我们一般是如何在分析治疗的过程中进行评估的。如果执业分析师对此没有了解，那么在这种辩解的过程中，他自然不会学到任何东西。❷

我们都知道，分析工作的目的是引导病人放弃早期发展中的压抑（在最广泛的意义上使用这个词），并用一种相应的精神成熟状态（psychically mature condition）的反应来取代它们。因此，病人必须被引导去回忆某些经验和情感，以及这些经历所唤起的、被他遗忘了的情感冲动。我们知道，他目前的症状和阻滞正是由这种压抑造成的——因此，它们是那些已被忘记的东西的替代品。病人给我们提供了什么样的可以用来帮助他恢复所失记忆的材料？各种各样的事情。在他的梦中，他给了我们这些记忆的碎片。这些

---

❶ 原文为英文。

❷ 在弗洛伊德更早的论文《否认》（*Negation*）（Freud, 1925h），标准版 19 卷，235 页和 239 页中对此已有讨论。在《朵拉的分析》（*Dora's analysis*）（Freud, 1905e）第一章第一段第 7 卷，第 57 页也有一段，1923 年又在同一篇文章中增加了脚注；以及《鼠人的分析》（*Rat's man' analysis*）（Freud, 1909d）第一章，第 10 卷 183 页有脚注。

碎片本身极其珍贵，但按照某种规则，被所有与梦的形成有关的因素严重地扭曲了。如果他让自己处在"自由联想"的状态中，我们就能够发现被压抑的经验的线索、被压抑的情感冲动的衍生品以及对它们的反应，他的想法就会重新出现。最后，有迹象表明，与被压抑的材料相关的情感会在病人的行为中重复出现，有些是相当重要的，有些是微不足道的，在分析情境内外都是如此。经验表明，病人对分析师建立的移情关系，尤其有助于恢复这些情感联结。这些原始材料（如果我们可以这样描述的话），正是我们努力寻找的、必须要组合在一起的东西。

我们所寻找的是被病人遗忘的岁月的图景，它是值得信赖的，也是包括了所有重要方面的完整图景。但是在这一点上，我们必须牢记，分析工作由两个很不相同的部分组成，是在两个不同的位置上进行的，它涉及两个人，每个人都被指定了不同的任务。有时，我们可能会觉得奇怪，这样的一个基本事实不应该那么早被指出来；但是很快你就会发现，在这一点上没有什么可隐瞒的，它是一个众所周知的、不言而喻的事实。在这里，它只不过是被公之于众，并因一个特别的目的而被单独考察。我们都知道，接受分析的人会被引导去回忆他经历过却被压抑了的事情；而分析过程中动力性的决定因素如此有趣，以至于分析的另一部分工作，即由分析师执行的任务，被推到了背景里面。分析师既没有体验过，也没有压抑过这些材料，他的任务不是要记起任何事，那么，他的任务是什么呢？他的任务是从被留下的痕迹中辨认出被忘记了的东西，或者更准确地说，是建构它。分析师向被分析者传达建构的时机、方式以及附加说明，联结了分析工作的两个部分，它们也是分析师角色与病人角色之间的纽带。

分析师的建构工作，也可被称为重构工作，在很大程度上，类似于考古学家对被毁坏并被掩埋的住所，或古代大型建筑物的挖掘。这两项工作的过程实际上是相同的，但分析师是在更好的条件下工作，并且掌握了更多有帮助的材料——因为分析师处理的不是被毁坏的某个东西，而是仍然活着的人。但是，正如考古学家从未在倒塌的房基上建造建筑物的墙垒、从地上的低洼里确定塔器的号码和位置、从被发现的残骸中重新构建墙体的装饰物和图画；分析师也这样进行他的工作：他从记忆碎片中、联想中，以及被分析者的行为中做出推论。分析师和考古学家都有一个毋庸置疑的权利,那就是通过修补和整理留存的残骸来重新建构。此外,分析师和考古学家同样要经受困难、面对各种误差。众所周知,考古学家遭遇的最困难的问题之一,就是测定发现物的相对年代。而如果一个物体的外观表现出某种特定的状态,通常它还要被测定是处于那个状态,还是因为某个后来的干扰因素而被带到了那个状态。很容易想象,相应的怀疑也会发生在分析性的建构中。

正如前面我们谈到的,与考古学家相比,分析师在更有利的条件下工作,因为他有可以处理的材料,比如来自婴儿期的重复性反应,和与这些重复有关的、在移情中表现出来的部分;而在考古学家的挖掘中是没有这些相应材料的。但是,除此之外,我们还必须考虑到,考古挖掘者处理的是被机械暴力、火灾和掠夺毁坏的,并且多数原有的重要部分已经失去的物体。即使再大的努力也不能促成他们的发现,也不能促使这些幸存的遗骸结合到一起。唯一可能的路径就是重构,且因此通常只能达到一定程度的可能性。但是与此相比,分析师试图恢复的早年历史中的心理客体是不同的。我们在分析中经常遇到的重现情形,在考古工作中却是极其罕见的,比如庞贝古城(Pompeii)和图坦卡蒙(Tut'ankhamun)古墓的重现。所有基本的部分都被保存了下来,甚至那些似乎已经被彻底遗忘的东西也会以某种方式在某个地方出现,它只是被埋藏,让人无法接近而已。是否所有的心理构造都真的可以被完全损毁?这是个值得怀疑的问题,它的答案仅仅取决于我们能否用分析技术把隐藏的东西带到光明的地方。只有两个因素影响了分析工作中的独特优势:心理客体要比考古挖掘者的材料更为复杂,并且因为心理客体的出色构造包含了太多神秘莫测的部分,所以我们对期望发现的东西还没有足够的认识。但我们对于这两种工作形式的比较还可以更深入,因为它们之间主要的不同在于:对于考古学家来说,重建是他竭尽努力的目标和结果;然而对于分析师来说,建构仅仅是工作的开始。

II

然而,从某种意义上来说,分析中的建构并不是工作的开始,因为并不是先全部完成一部分工作,然后再开始下一部分的工作。例如修建房子,在房间内部的装饰开始之前，所有的墙体都需要被修建起来，所有的窗户都必须被嵌入到墙体中。而每个分析师都知道，在一个精神分析的治疗情境中会有不同的事情发生，两种工作是并行推进的，一种工作总是进展快一点，而另一种紧跟着它。分析师完成了一部分建构，然后把这部分建构传达给被分析者，以便能够对他起作用；然后他用源源不断地涌向他的新鲜材料，以相同的方式去构建更深的一部分，这种交替的方式持续进行，直到结束。如果在分析技术的描述里很少提及"建构"，那是因为它被关于"解释"和解释效果的描述取代了。但是到目前为止，我认为"建构"是更加适当的描述。"解释"适用于单一的材料，比如一个联想或者一次行为倒错。而"建构"则是对被分析者阐述已被他遗忘的、早年经历的片段，例如："你一直认为自己是母亲唯一的、没有任何限制的拥有者，直到那年，另一个孩子出生，这给你带来了严重的幻灭感；你的母亲离开了一段时间，甚至在她再次出现之后，她也不再像从前那样全心全意地爱着你。你对母亲的感觉变得矛盾起来，而父亲对于你而言，有了新的重要性。"等等。

在这篇论文中，我们的注意力将转向"建构"这项初步的工作。现在，在最开始的时候，首要的问题就是，当我们进行建构时，如何保证我们不会犯错，也不会因为不正确的建构而将本可以取得成功的治疗置于危险的境地。对于这个问题似乎并没有一个适用于任何情况的统一答案；但在讨论它之前，我们可以倾听一些由分析经验提供的令人欣慰的信息——即使我们曾犯过错误，将错误的建构作为可能的历史真相提供给病人，也是不会造成伤害的。如果什么都不做，而只是呈现给患者了一些错误的联结（潜意识与意识的联结），当然会浪费时间，因为这既不能给他留下好印象，也无法将治疗进行得很深入；但是，这样一个单独的错误并不会（对病人）造成伤害❶。事实上，在这种情况下，病人看上去并没有被触动，他的反应既非"是"，也非"不是"。这可能仅仅意味着他的反应被推迟了；但是如果没有进一步的发展，我们可以认为我们错了，并在适当的机会向病人承认，我们不会因此失去权威性。当一些新的材料已经出现，使我们可以做一次更好的建构从而纠正我们的错误时，这样的机会就出现了。用这样的方法，我们可

---

❶ "狼人"中的治疗案例（Freud，1918b）第三卷开篇提到一个不正确建构的例子。

以废弃错误的建构,仿佛它从来没有被做出过;事实上,借用波洛涅斯(Polonius)的话,我们常常有这样一种印象:虚假的诱饵竟然钓上了真理的大鱼。分析师因建议、说服病人接受分析师相信但病人不应相信的事而带领病人误入歧途的危险,确实被过分地夸大了。一位分析师只有做出极端错误的行为之后,这种不幸才会降临到他身上;最重要的是,他不得不责备自己,因为他不让病人有发言权。我可以断言,这种对"建议"的滥用在我个人的实践中从未发生过,这可不是自吹自擂。

如前所述,我们绝对不会忽视分析师提出建构时,病人的反应所表达出来的象征含义。这一点必须详细说明。诚然,在分析中我们不会按照文字表面的含义去理解一个人的"否定",但我们也不会轻易放过"肯定"。我们并非总是把被分析者的话歪曲成是证实的,没有理由因此而指责我们。在现实中,事情并不是那么简单,分析师也不会让自己轻易得出结论。

病人简单的"肯定"绝对无法表达出清晰明确的含义。"肯定"确实意味着病人认为分析师呈现给他的建构是正确的;但也可能是毫无意义的,甚至可以被描述为"虚伪的",因为在这种情况下,他的阻抗也许可以方便地利用"同意",以延长对还没有被发现的真相的隐瞒。除非在"肯定"之后紧接着出现间接的确认,除非病人在"肯定"之后立即产生了新的记忆,从而完成并扩展这个建构,否则这个"肯定"是没有价值的。只有在上述情况下,我们才认为"肯定"已经完全解决了正在讨论的议题。[1]

分析中,被分析者的"否定"和"肯定"一样是模棱两可的,甚至更没有价值。在一些罕见的情况下,"否定"被证明是合理的异议的表达;但更常见的是,它表达了一种阻抗,这种阻抗可能由被提出的与建构主题有关的因素引起,但也很容易在复杂的分析情境中由其他因素引起。因此,病人的"否定"并不能证明建构的正确性,尽管它们是完全能够并立的。因为每个这样的建构都是不完整的,因为它只涉及被遗忘事件的一个小片段,所以我们可以假设,病人实际上并没有反对分析师的建构,而只是把他的反对意见建立在尚未发现的部分之上。通常情况下,他不会表示赞同,除非他了解了

---

[1] 引自《梦的解析的理论与实践评论》(*Remarks on the Theory and Practice of Dream-Interpretation*)(Freud,1923c)标准版。

全部的真相——而真相往往涉及很多方面。所以对病人"否认"的唯一安全的解释是，它指向的是不完整性；毫无疑问，建构并没有告知病人全部真相。

因此，病人对于一个建构的直接反应，并不能够作为我们的建构是否准确的证据。更重要的是，有些间接的确认方式从各个方面来说反而是更加可靠的。其中一种间接方式是语言的使用形式（这似乎是被普遍认同的），不同的人之间几乎没有什么差别，例如，"我从来没有想"（或者"我好像从来没有想"）"那个"（或者"到那个"），❶ 可以毫不犹豫地把这句话翻译为："是的，关于我的潜意识，这次你是对的。"不幸的是，这种深受分析师欢迎的反应，却更多在他做出单一的解释，而非系统的建构之后被听到。当病人在联想中的回答包含与建构内容相似或类同的内容时，也意味着同样有价值的确认（这次是以肯定的形式表达出来的）。与其从分析中举出这方面的例子（这很容易找到，但描述起来很冗长），我更愿意给出一个分析之外的小经验，它出现在一个类似的情境，如此惊人以至于几乎产生了戏剧性的效果。很久以前，我的一个同事选择我作为其临床工作的顾问医生。然而，有一天，他带着年轻的妻子来见我，因为她让他陷入了麻烦，她用各种借口拒绝与他发生性关系。很显然，他对我的期望是请我向她说明这种不明智行为的后果。我介入此事，并向她解释说，她的拒绝可能会对她丈夫的健康带来不好的影响，或者会让他受到可能导致他们婚姻破裂的诱惑。说到这里，他突然打断我说："你诊断的那个患脑瘤的英国人也死了。"起初，这句话似乎令人费解；句中的"也"是个谜，因为我们并没有在谈论任何其他人的死亡。但过了一会儿，我明白了。这位同事显然是在证实我刚才所说的话。他的意思是："是的，你说得很对。你的诊断在另一个病人身上也得到了证实。"这与我们通过联想，在分析中得到的间接证实是完全一致的。我不想否认，我的同事在提出他的评论时，也可能表达了其他的想法。

通过联想间接证实与之相应的建构内容——像上述故事中的那个人一样，给我一个"也"——为判断建构是否可能在分析过程中得到证实，提供了一个有价值的基础。尤其令人吃惊的是，这样的证实会通过动作倒错

---

❶ 几乎完全相同的短语出现在论文《否认》标准版的末尾。

(parapraxis),以一种直接否认的形式被暗示出来。我曾经在别处发表过一个很好的例子。❶ 在我的一个病人的梦中,"朱娜"(Jauner)(一个在维也纳很常见的名字)这个名字反复出现,但在他的联想中却无法获得充分的解释。最后我给出了这样的解释:当他说"朱娜"(Jauner)时,他可能指的是"骗子"(Gauner)。于是他立即回应说:"在我看来,这对我似乎太'危险'[(jewagt)而不是太'牵强'(gewagt)]了。"❷ 还有另一个例子:当我对一个病人说也许他觉得费用太高时,他用"10美元对我来说不重要"这样的话表示否认,但却使用了一个面值更少的硬币来代替美元,他说"10先令"。

如果一个分析被会带来消极治疗反应❸的强大因素(例如负罪感、遭受痛苦的受虐需求或对接受分析师的帮助有抵触)主导,病人在得到一个建构后的行为,常常使我们很容易得出正在寻找的结论。如果建构是错的,病人会没有变化;如果建构是正确的或接近真相,那么他的反应就是,他的症状和他的一般状况都出现了明显的恶化。

可以这样总结:没有理由指责我们忽视或低估被分析者对我们的建构的态度的重要性。我们关注它们,并经常从中获得有价值的信息。但是病人的这些反应很少是明确的,也无法作为最后的判断。只有进一步的分析,才能帮助我们确定我们的建构是正确的还是无用的。我们承认单一的建构可能只是一个猜想,还有待于被检验、被确认,甚至可能被否定。我们不声称建构具有权威性,也不要求病人直接同意,如果病人从一开始就否认它,我们也不会与他争论。简而言之,我们的行为是按照内斯特罗伊(Nestroy)滑稽剧❹中的一个著名人物形象进行的,他的男仆对每一个问题或异议都只有一个单一的回应:"随着未来的发展,一切都会清楚的。"

---

❶ 见下一个脚注。
❷ 《日常生活的心理病理学》(*The psychopathology of Everyday Life*)(Freud,1901b)标准版第五章。在含糊的口语中,"g"的发音经常像德语的"j"(英语中的"y")。
❸ 引自《自我与本我》(*The Ego and the Id*)(Freud,1923b)标准版第五章。
❹ *Der Zerrissene*.

III

在分析的过程中，我们的推测是如何转变为病人的信念的？这个问题几乎不值一提。所有这些都是每位分析师在他的日常经验中所熟悉的，并且没有任何理解上的困难。只有一点需要探索和解释。从分析师的建构出发的这条道路应该在病人的回忆中结束，但它并不总能走得那么远。我们常常无法成功地引导病人回忆起被压抑的东西。相反，如果正确地进行分析，我们就会从他身上产生一种对建构的真实性的确信，从而达到与重新获得记忆相同的治疗效果。问题是，在什么情况下会出现这种情况，以及看起来不完整的替代物如何可能产生完整的结果——所有这些问题都还有待研究。

我将以几句话来结束这篇简短的论文，以期能够打开一个更宽广的视野。令我印象深刻的是，在某些分析里，向病人传达一个明显恰当的建构，会使病人出现让人感到费解和惊讶的现象。他们有生动的回忆——他们自己形容为"非常清晰"❶，但他们回忆的不是构成主体的事件，而是与主体有关的细节。例如，他们异常清晰地回忆起，建构中涉及的人的脸和事件发生的房间，或者，更进一步地，在房间里的家具——这些议题自然是建构的内容不可能涉及的。这既发生在建构被提出后的梦中，也发生在类似幻觉的清醒状态中。这些回忆本身并没有带来任何进一步的结果，似乎可以把它们看作是妥协的产物。被压抑者"向上的驱力"（upward drive）因被提出的建构激发而活跃起来，努力将重要的记忆痕迹带入意识；但是，阻抗发生了，事实上它并不是阻止了这种活动，而是成功地把它转移到无足轻重的临近客体上。

如果一个信念让这些回忆在实际发生时变得更加清晰，那么这些回忆可能被描述为幻觉。当我注意到，真正的幻觉偶尔也发生在非精神病病人的身

---

❶ 这里所描述的现象似乎可以追溯到弗洛伊德在《日常生活的心理病理学》中所做的观察。现在的段落甚至可能是对其中叙述的一段特殊情节的影射。还有更早期的文献《健忘的心理机制》(*The Psychical Mechanism of Forgetfulness*)（Freud, 1898b）标准版以及《屏蔽记忆》(*Screen Memories*)（Freud, 1899a）标准版。在所有这些段落中，弗洛伊德都使用了同一个词 *uberdeutlich*，翻译过来就是"非常清晰"（ultra-clear）。

上时，这个类推就显得更加重要了。我的思路是，也许这是迄今没有受到足够关注的幻觉的一般特征，即某些幼年经历过，之后忘记的事情重新回到记忆中——在儿童几乎还不能说话的那段时间里，他看见过或听到过的事情，现在被一股力量带到意识之中。这些记忆也许会因为某种抗拒回忆的力量而被歪曲和置换，然后，从幻觉和特定形式的精神病之间的紧密关系的角度出发，我们需要更进一步的思考。这些幻觉被如此频繁地合并在妄想中，也许这些妄想本身并不像我们通常想象的那样独立于潜意识中"向上的驱力"和被压抑的记忆。在妄想的机制中，我们通常只强调两个因素：一方面是逃离现实世界及其动力，另一方面是因妄想中的愿望被实现而产生的影响。但是也许是逃离现实，而不是这个动力性的过程，使被压抑的驱力被利用，从而促使其内容进入意识；而被这个过程激起的阻抗，与满足愿望的趋向一起，共同造就了对回忆内容的扭曲和转移。这就是我们所熟悉的梦的机制，自古以来，直觉就等同于疯狂。

　　我想，关于妄想的这个观点，并不是全新的。然而毫无疑问，它强调了一个通常不太引人注意的观点。这个观点的实质，正像诗人理解的那样：疯狂中不仅有章法（method），还有历史真相（historical truth）的碎片。我们有理由认为，伴随妄想而来的强迫观念及其驱力正是源于这种婴儿期的经验。今天，我能提出的支持我理论的所有东西只有回忆，而非新形成的印象。基于这里提出的假设，尝试研究探讨中的这类案例，并按照同样的原则进行治疗，可能是有价值的。使病人相信他的妄想是错误的，是对现实的否认，这种徒劳的努力将会被抛弃。相反，对妄想的核心事实的识别能够为治疗工作的推进提供共同的基础。这项工作包括把历史真相的碎片从扭曲的形式和它对现实的依附中解放出来，并带回它应属的过去。从遗忘的过去到现在或到对未来的期望的转换经常在神经症患者（neurotics）身上发生，在精神病患者（psychotics）中却不多见。通常情况下，当一个神经症患者受到焦虑状态的影响，担心一些可怕的事情会发生时，他实际上只是处于被压抑记忆的影响之下（这些记忆想要进入意识，但无法被意识到），在那个时间点上的确有一些可怕的事情发生。我相信，我们应该从这类精神病患者的工作中获得大量有价值的知识，尽管分析工作也许无法导向治疗性的成功。

我知道，以我在这里所采用的粗略的方式来处理这么重要的问题是没有什么用处的。但尽管如此，我还是无法抗拒类比的诱惑。病人的妄想于我而言，就等同于分析治疗过程中所做的建构。分析性治疗致力于解释和疗愈，尽管在精神病性的情境下，除了替换为现实的碎片，也做不了更多。现在被否定的现实的碎片，曾经在遥远的过去也被否定过。对每一个个案的分析，都是要揭示现在否认的材料和最初压抑的材料之间的密切联系。正如我们的建构之所以有效，是因为它恢复了被丢失的经验的片段；妄想之所以有令人信服的力量，也要归功于它在被否定的现实中加入了历史的真相。这样一来，我最初提出的关于癔症（hysteria）的命题也适用于妄想，也就是说，那些受妄想支配的人正遭受着由他们自己的回忆带来的痛苦。❶ 我从来没有打算用这个简短的公式来质疑这种疾病原因的复杂性，或排除许多其他因素的作用。

如果我们把人类当作一个整体，然后用一个人类个体来代替它，我们会发现，它也发展出无法用逻辑批判来检验的、否定现实的妄想。尽管如此，如果它们能够对人施加一种非凡的力量，探究将使我们得到与个体情况相同的解释。他们的力量源于从对被遗忘的原始过去的压抑中得到的历史真相。❷

---

❶ 引自布劳耶（Breuer）和弗洛伊德的"初步沟通"（Preliminary Communication）（Freud, 1893a）标准版。

❷ 最后几段的主题（"历史的"真相）是弗洛伊德在这一时期非常关注的问题，这是他第一次对此进行长篇讨论。关于这个问题的其他参考资料可在《摩西和一神论》（Moses and Monotheism）（Freud, 1939a）中处理同一问题的一节的脚注中找到。

第二部分
对《分析中的建构》的讨论

弗洛伊德对"建构"的基本假设

米凯尔·桑登❶（Mikael Sundén）

因为弗洛伊德的文章在内容上是彼此交织在一起的，所以让我首先从评论一篇文章开始是有些困难的。在这方面，这些文章就像语言中的名词或者概念：它们是不断扩大的意义网络的一部分。弗洛伊德并不是系统地进行写作，而是先有思想和结构：他让写作成为他思考的一部分。所以，这应当允许作为读者的我们，无论是在试图理解文本还是在思考/实践中使用文本时，都有相应的自由。

这是哪种类型的文章？它真的是关于精神分析技术的文章吗？弗洛伊德全集的一些编辑已经把它收录在技术卷。我的观点是，这篇文章更多是关于精神分析理论中，对于文化和宗教的构建。特别是《图腾与禁忌》（*Totem and Taboo*）（Freud，1912~1913）中对原初父亲（primal father）的谋杀，以及在《摩西和一神论》（*Moses and Monotheism*）（Freud，1939a [1937~1939]）中对犹太教起源和发展的描述。

原初父亲之死、摩西之死、俄狄浦斯神话——依据弗洛伊德的假设，这些谋杀是同样的故事——它们都与儿子对父亲的矛盾情感有关：有残忍的嫉妒，但也有对父亲的爱和由此产生的对谋杀的罪恶感。

显然，弗洛伊德本人对自己的父亲也有这样的情感。对他来说，这一定是一种解脱，他不仅建构了所有儿子对他们的父亲的情感，同时精确地说明

---

❶ 米凯尔·桑登是瑞典精神分析学会的成员和前任副主席（2004~2006）。在1994年进入私人诊所之前，他是斯德哥尔摩纳卡-瓦尔姆多精神科的医务主任（1986~1993）。他发表过关于俄狄浦斯和纳西索斯神话的文章。

了这些矛盾的情感和对原初父亲的谋杀愿望是如何构成社会和人类的形成因素。

根据弗洛伊德的观点，与这些谋杀有关的表征的力量源于它们所携带的"历史真相的内核"。历史真相指的是发生在人类历史中的事情，或者仅仅是人与人之间的故事；而事实真相则与事实以及与人无关的部分有关。

两个基本假设

如果我们回到对精神分析技术的讨论，会发现有两个基本假设主导了弗洛伊德的思想。第一个是他对精神决定论的绝对信仰。他自己在《分析技术的史前笔记》（*A Note on the Prehistory of the Technique of Analysis*）中写道：

> 值得怀疑的是，加思·威尔金森（Garth Wilkinson）所谓的新技术（即自由联想作为潜意识表达的一种手段，发表于1857年）早已出现在许多人的脑海中。而这种技术在精神分析中的系统应用，与其说是弗洛伊德的艺术天性的证明，不如说是他信念的证明。这种信念近乎是一种偏见，即所有精神事件都完全被决定了。（Freud，1920b：264）

对精神决定论的信仰在《日常生活的心理病理学》中已经出现，在最后一章"决定论、相信偶然和迷信：一些观点"（Determinism, Belief in Chance and Superstition: Some Points of View）中，弗洛伊德提出了一个论题：

> 如果运用精神分析的研究方法，就可以证明我们心理机能的某些缺陷……和某些看似无意的行为表现事实上有合理的动机，并且是由意识没有察觉的动机决定的。[Freud，1901b：239] 弗洛伊德原文是斜体字]

这都是弗洛伊德对于精神生活的自然主义态度的体现：推动精神结构运动的驱力是必然存在的。这种力量就是力比多（libido），翻译过来就是欲望。我们在弗洛伊德的绝世之作《精神分析纲要》（An Outline of Psycho-Analysis）中发现这个观点并不会感到惊讶。在每一个精神行为的背后，都有一系列其他精神事件的存在，这些事件或许是有意识的，或许是潜意识的，都可以被追溯：

> 然而，人们普遍认为，这些意识过程本身并没有形成连续和完整的序列；因此，我们别无选择，只能假设存在一些比心理过程更完整的生理或躯体的过程，因为有些生理过程与意识过程是并行的，但有些不是。（Freud，1940a［1938］：157）

由此推论，不论是有意识的还是潜意识的，真正的精神事件必然是伴随躯体存在的现象。由于现在心理学与物理过程有关，这"使心理学能够像其他任何科学学科一样取得自然科学的身份"（Freud，1940a［1938］：158）。

这一结论已经在《精神分析纲要》的第二段中得到了体现，弗洛伊德在其中写道："精神生活是一种结构的功能，我们认为这种结构具有在空间中延展的特征。"（Freud，1940a［1938］：145）在笛卡尔的思想中，精神结构是一种"广延物"（res extensa），属于物质的、自然的世界。根据现代一元论的观点，我们可以认为精神结构相当于大脑或者大脑的一部分。

弗洛伊德的谬误在于他认为精神分析的研究方法符合自然科学的科学标准。弗洛伊德相信躯体过程和精神事件之间有着一一对应的关系，而且在将来有可能通过科学的方法达成二者之间的转换。现代认知科学和脑成像技术是这一乌托邦式观点的开端。然而，就我个人而言，我更同意唐纳德·戴维森（Donald Davidson）的观点，即反对这种心理物理定律。如果没有心理物理定律，心灵就不会沦为"更低级"的物理物质。正如金志权（Jaegwon

Kim)在《心灵哲学》(*Philosophy of Mind*)中谈道:

> 因此,现在最被广泛接受的物理主义形式是物理主义本体论和属性二元论的结合体:世界上所有具体的细节都是物理的,但是物理粒子的某些复杂结构可以表现出,有时也确实表现出不能被归于"更低级"的物理特质的性质。(Kim,1998:212)

这引出了弗洛伊德的第二个假设,即精神分析应该是客观的,完全不受任何暗示的影响。这几乎代表弗洛伊德的一种"对暗示的恐惧"。精神分析起源于催眠,这是最显而易见的,甚至也可以与动物磁性流(animal magnetism)(Ellenberger,1970)联系在一起。

40年前,我在斯德哥尔摩大学教授教育学的时候,把我们的学科定义为对影响力的一般性研究。教育、广告和心理治疗都是通过在科学研究结果的基础上建立的技术,影响受众的活动——当然,这些活动中始终存在着价值规范。尽管不是一个有意识的目标,但精神分析不可能脱离影响力。我们以许多不同的方式影响我们的病人,却没有利用科学更有效地做到这一点。我们试图理解我们正在做什么,并开放地与我们的病人和同事进行讨论。

对弗洛伊德来说,这个问题的答案似乎更简单一些。病人的症状与抑制是事实,是"压抑的结果"。精神分析的目的就是恢复失去的(被压抑的)记忆:

> 我们都知道,接受分析的人会被引导去回忆他经历过却被压抑了的事情。(Freud,1937d:258)

对我来说,"被引导"(To be induced)非常接近于被影响,甚至是被建议。当弗洛伊德在讨论病人对分析师提出的建构进行"肯定"或"否定"

回应的意义时,他似乎非常清楚分析师对病人的影响。对于这个问题没有最终的答案,它完全取决于建构过程是否让新材料浮现出来。在我看来,弗洛伊德在这方面非常依赖他最为偏好并坚信的精神决定论。

对弗洛伊德来说,允许病人对分析师所说的话发表自己的看法,是将建议控制在一定范围内的主要保证。但他发现自己不得不声明:

> 我可以断言,这种对"建议"的滥用在我个人的实践中从未发生过,这可不是自吹自擂。(Freud,1937d:262)

这当然是很好的,但真的要由分析师以这样的方式来评估自己吗?也许弗洛伊德自己也有疑问。在精神分析实践之外的经历中,弗洛伊德举了一个近乎应对恐怖症的例子。有一位很久以前让弗洛伊德担任医学顾问的同事,有一天,他带着"年轻的妻子来见我,因为她让他陷入了麻烦",因为妻子拒绝与丈夫发生性行为。弗洛伊德做了同事期望他做的事情,向妻子解释说,她不仅在拿丈夫的健康冒险,也在拿自己的婚姻冒险。(这使我想起了我1963年在巴黎听到的一首歌曲。歌曲中女婿对岳父抱怨妻子,岳父非常肯定地回答:"你在抱怨什么,让·贾尔斯,我的女婿,你在抱怨什么,我的女儿都是你的。"然后,岳父给了女婿很多性行为方面的建议,因为在这方面他的女儿总是被认为是被动的。)同事接着说:"你诊断的那个患脑瘤的英国人也死了。"这意味着这位同事认为弗洛伊德对婚姻风险的看法如同他对脑瘤的诊断一样正确。"这与我们通过联想,在分析中得到的间接证实是完全一致的。"(Freud,1937d:264)

我能理解弗洛伊德的观点,但我无法理解的是,为什么在这个例子中他没有更多地意识到他对女性持有的父权主义、男性沙文主义态度。

建构与妄想

在文章的末尾,弗洛伊德承认他被一个类比诱惑,即:

> 病人的妄想于我而言，就等同于分析治疗过程中所做的建构。（Freud, 1937d: 268）

这种类比是建构与妄想两个概念中的历史真相元素的类比。在文章结尾处，弗洛伊德更进一步地进行了阐述：作为一个整体的人类群体，被认为已经产生了一种妄想，即有着超越人类的非凡力量的错觉。弗洛伊德很可能指的是宗教信仰。这些宗教信仰的力量也"源于从对被遗忘的原始过去的压抑中得到的历史真相"（Freud, 1937d: 269）。通过这个类比，弗洛伊德在妄想与建构之间取得平衡。在《图腾与禁忌》中，他对原初父亲之死的建构的坚定信念，反映了这个故事与他自己精神世界的共鸣。他似乎在想："一定存在一个真相的内核，因为我有这样的感觉。"其他人是否相信对他而言并不重要。

在对《分析中的建构》的讨论中，我聚焦于弗洛伊德整体思维方式之间的联系。他是一位很有说服力的作家，也是一位修辞大师，所以我们仍然在努力不受他的影响这一点也就不足为奇了。就我个人而言，下面引自《分析中的建构》的这段话与精神分析解释学的解释是相辅相成的：

> 我们所寻找的是被病人遗忘的岁月的图景，它是值得信赖的，也是包括了所有重要方面的完整图景。（Freud, 1937d: 258）

但当我们建构这幅图景时，在病人自己的话语和他对我们的影响之外，并没有其他的信息资源。我们不是历史学家，也不是律师，我们只是满足于找到一个真相（one truth），而不是真相本身（the Truth）。

建构：精神分析工作的重要范式

雅克·普雷斯❶（Jacques Press）

尽管弗洛伊德经常援引"建构"，并且在著作中使用——就像"狼人"（Wolf Man）一样跃然脑海——但直到 1937 年，他才在《分析中的建构》中赋予了"建构"一词认识论的地位（Freud，1937d）。为什么这一解释会出现得这么晚？"建构"是如何融入弗洛伊德作品的动态发展之中的？它又以何种方式构成了一个分水岭——在弗洛伊德的工作即将结束的时候出现，并预示了一些最重要的后弗洛伊德学派的发展？这些问题将成为我的叙述主线。❷

在之前的一篇论文（Press，2006）中，我为这样的观点进行了辩护：1935 年至 1939 年，当弗洛伊德因《摩西和一神论》（Freud，1939a［1937～1939］）无法定稿而饱受折磨时，这段时期的作品正代表了他毕生作品（oeuvre）中的最后一个转折点，引领着这位精神分析学创始人去重新评估其理论的核心要素，尤其是关于创伤及其影响的内容。我想从一个互补的角度继续思考。

---

❶ 雅克·普雷斯 1944 年出生于日内瓦，1969 年获得医学博士学位，在开始分析培训之前，他作为内科专家工作了 15 年；他在巴黎精神病研究所完成了心身训练，是米歇尔·费恩（Michel Fain）和皮埃尔·马蒂（Pierre Marty）奖金获得者。他是瑞士精神分析学会和巴黎精神病研究所的培训分析师，日内瓦精神病学会主席，兼国际精神病学会皮埃尔·马蒂心理学研究协会副主席。他在《法国精神研究》（*Revue Française de Psychosomatique*）和《法国精神分析》（*Revue Française de Psychoanalyse*）上发表了许多论文。基于他在 2008 年日内瓦第 68 届法国及法语国家精神分析学家大会上的演讲，他还为《国际精神分析杂志》撰稿，并出版了两本书：《珍珠和沙砾：关于心理功能的精神分析论文》（*La perle et le grain de sable. Essai psychoanalytique sur le fonctionnement mental*，1999）和《意义的建构》（*La construction du sens*，2010）。1997 年他获得了瑞士精神分析学会科学奖和皮埃尔·马蒂精神病学奖。

❷ 指的是我在第 68 届法语精神分析家会议上提交的报告（Press，2008）中提到的一个观点。

我首先从《分析中的建构》与弗洛伊德稍早的作品《可终结与不可终结的分析》（Freud，1937c）的联系入手，关注前者如何与后者对精神分析局限性的反思相衔接。然后，我通过聚焦于被动立场的建构以及它所暗示的某些退行模式，来论述二者的辩证关系。这使我们对建构的真理性提出了质疑，我使用弗洛伊德提到的历史真相的概念从某些角度对其进行了考察。最后我讨论了新的幻觉模式，弗洛伊德在这一点上勾勒出其大概轮廓，并且他相信这种模式包含着历史真相的内核。

在整个论述过程中，重点在于这一新的理论发展对我们的实践工作意味着什么。在这一点上，虽然我的工作并没有刻意采取心身性的路线，但我应该强调的是，巴黎心身学派的学者们以关注躯体化患者的心理功能受损和退行障碍为标志，塑造了我的思想发展的背景。

认识论的剧变

在《可终结与不可终结的分析》（Freud，1937c）中，弗洛伊德强调了经济因素的重要性，以及决定治疗结果的主要因素：驱力的强度、创伤因素的作用（被认为是良好预后的迹象），以及自我的改变。这些改变包括力比多固着、可塑性丧失，以及其他两个重要的因素。

第一个因素是惩罚自我的需要，这个自我不仅不再是自己领域的主人，而且在很大程度上被证明是潜意识的，易于分裂，而且屈服于破坏性的驱力，自我的全部力量都是在受虐中显露的。另一个是著名的基岩（*gewachsene Fels*），作品结尾是两性对女性特质的否定。文章中的这两个关键部分都有一个转变的标志——尽管弗洛伊德并没有直接标明——但包含在他的论点当中：前者转向元心理学，将受虐归为死亡驱力的运作；后者转向生物学，声称对男女两性中的女性化防御是出于生物学的原因。在我看来，这些未加标明的转变，是我们借鉴其理论的绊脚石。

与此相关的是，我们应该记住，1937年6月的那篇以著名的岩石为高潮的文章，并不是最后的结论。三个月后，弗洛伊德写了《分析中的建构》，这迟到的再加工带来了意义深远的再评价。虽然在文章的开头，他淡化了其新观点的重要性,但与解释的概念相比,他赋予建构概念以理论和元心理学的地位。

在《可终结与不可终结的分析》中,弗洛伊德对比了由压抑和其他"防御机制"产生的审查的不同作用:前者的情况是文本消失,一片空白;后者的情况是扭曲和损毁(Freud,1937c:251-252)。解释(*Deutung*)与第一种情况对应,它揭示了一些东西,这些东西可能是隐蔽的,也有可能是被抹掉的,但它们毫无疑问是存在的。

然而,在建构的情况下,我们不能只是填补文本中的空白,或将一种语言翻译成另外一种。我们也不能通过推论来重新构成文本的原始形式:这些东西以更根本的方式彻底缺失了。考古学的比喻同样也不再适用:发掘并揭示某种特定时间里的原始形态,已不再有任何可能性。

从解释到建构(*Deutung to Konstruktion*)伴随着一个重大的认识论转向。我们必须建构的部分在一定程度上与1937年6月的绊脚石有关:我们的目标是通过尽可能远地回溯到原点,来建构被动立场的基础,这就带来了下文讨论的退行模式的问题。但另一方面,如果"它"缺失的是基本的部分,我们也必须建构缺失的这个部分:只有我们的眼睛可以赋予它形状。

我们在这里看到的是一种新的对精神分析工作的理解,与其说它揭示的是现存的、由不同层次的论述构成的结构,不如说它是一种不确定的、不可预知的、有自身法则和动力性的需求与暂时性反应之间的交锋。这种相遇随时可能引发客体对主体驱力的拒斥,和/或来自自我方面的需求。它不是对潜意识文本的破译,而是对一个共同空间的大胆建构(Canestri,2004;Pragier & Faure Pragier,1990,2007)。在这个共同的空间中,真正的交流可能会发展出来:这种交流的目标使尚无立身之处的驱力(dirve-life)显现出来。这一方面会将我们带回到早期的创伤事件,另一方面会将我们带回到结构模型的本我(id)冲动,而不是地形模型中的潜意识。

退行模式与建构

那么,"建构"可以看作是一种对《可终结与不可终结的分析》

（Freud，1937c）中未曾思考过的思想，进行再思考的尝试，并对所提到的绊脚石进行重新评估。在这其中，被动性的问题，进而是退行模式的问题，占据了一个重要的位置；它在后来被证明是费恩（Fain，1995）和温尼科特等作者的思想核心。

关于这个主题，温尼科特在他的文章《心理分析设置中退行的元心理学和临床方面》(*Metapsychological and Clinical Aspects of Regression within the Psycho-Analytical Set-up*)（Winnicott，1955）中做出了不可估量的贡献。他认为退行不仅仅是"退行到个体本能经验中好的和坏的位置，而且退行到环境中适应自我需求和本我需求中的好的和坏的位置"（Winnicott，1955：283）。这引发了哥白尼式的革命。分析师不再只是一个旁观者：这出戏不仅在他眼前上演，而是在分析关系的内部——他完全投入其中。

无法想象的焦虑是这种心理组织模式的核心。它与退行到早期的本能阶段无关，也不能简单地归结为对本能威胁的防御。它与退行过程给这类病人造成的严重风险密切相关。他们的整个心理组织的精心安排就是为了避免"退行"，退行是崩溃的代名词，正如心身学家所证明的那样，退行时常会伴随着躯体症状的发展。更重要的是，整个分析工作都受到这种风险的制约。崩溃的痛苦体验的特别之处在于，它不是完全意义上的体验，而是一些应该发生却没有发生的事情的结果（Winnicott，1965b，1971a）。

因此，主体所设置的否认过程必须被看作是"事后"（coming after）意义上的次级过程。虽然这些患者确实是在为了避免经历或重温一些无法忍受的事情而防御，但我们仍然可以把他们的整个心理结构，看成是围绕着一种从未发生过的满足体验的缺失而展开的。我经常对某些病人有这样的印象，即他们在某种程度上无法识别一种积极的体验，正是因为这种体验对他们来说从没有发生过，因此在他们的眼里，没有任何与之相关的东西是真实的：无论这听起来有多么矛盾，人们都会否认从未发生过的事情。换句话说，主体的真相在于从未发生过的事情：这种否认将构成分析中移情-反移情关系的焦点。可以说，之后，个体整个心理组织都集中在维持这种否认的内核上，而不是去治愈它（在这个意义上，妄想系统的形成是一种自我治愈的尝试）。

自我围绕着最初的无助"结晶",其特别的组织以被温尼科特称为"退缩"(withdrawal)的情况为特征,与退行(regression)相对应(Winnicott,1954,1955)。何谓"退缩"?在个体发展的过程中,原则上,整合是自然而然地发生的,但是,整合的失败导致主体无法退行,而创造出自己的特定结构,在这个结构中,他将自己置于任何客体关系之外。❶ 放弃这个位置就意味着退行到一种最初的无助的状态,在这种状态中,他们不受保护地暴露在本能的暴力之下——这是分析师和被分析者都最害怕的状态。这种非常矛盾的情况很容易导致治疗双方之间的共谋,但其真正的目的必定是建构一个被动的立场——这是将混沌转化为充满潜能的无形之物的唯一途径。

正如安德烈·格林指出的那样:"对于被动性而言,一切都是围绕着最初的痛苦或无助展开的。那么,在痛苦中被爱是所有后续解决方案的前提条件。"(Green,1999:1600)与被分析者一起,去倾听那个痛苦中的婴儿,去理解那些重要的本能和自恋的因素,这些因素对个体关于婴儿期的建构起决定性作用,并似乎使这个特殊的建构成为他个人发展史中某些关键时刻唯一可用的解决办法——这样做的时候,尽管转瞬即逝,但也揭示出另一种建构的可能性——这将是分析性地关爱那个困境中的婴儿的方式。

历史真相与建构

可以说,前面几段所描述的工作需要通过移情和反移情的相互作用来改写被分析者的成长史。那么,不可避免的问题就产生了:这些建构真正的价值是什么?这个问题是斯彭斯(Spence,1982,1989)和谢弗(Schäfer,1976,1983)以及维德曼(Vidermann,1970)的著作之间争论的核心。❷

---

❶ 约翰·斯坦纳(John Steiner,1993)从克莱因的角度出发,对这些状态提出了自己的个人理论。

❷ 关于建构/重构的争论,参见布卢姆(Blum,1980)和布伦曼(Brenman,1980)、帕什(Pasche)和劳克(Loch)的讨论(Pasche,1988)。韦茨勒(Wetzler,1985)和布伦尼斯(Brenneis,1997)从自我心理学的角度来看,而桑德勒和桑德勒(Sandler & Sandler,1997)则将其整合到他们的"过去潜意识"和"现在潜意识"之间的模型中。参见塔吉特(Target,1998),加博德(Gabbard,1997),以及最近布卢姆(Blum,2003a,2003b)和福纳吉(Fonagy,2003)之间的交流。

在法国展开的辩论围绕后者的论文，但在英文文献中，它走了一条不同的道路，在转向哲学层面的辩论之前，20世纪90年代初的分歧发展为精神分析流派多样性问题，分歧的一方是"对应"理论（correspondence theory）的倡导者，一方是"一致性"理论（coherence theory）的倡导者。

在第一种立场下，汉利（Hanly，1990）的辩护尤为显著，他认为我们对现实的描述与描述所指向的对象之间存在着对应关系。相反，在一致性理论中（Spence，Schäfer），"真理来自信念和经验的内在一致性，而不是来自与外部或独立于心智的事实的对应关系中"（Hamilton，1993：63）。

我不打算在此进一步讨论这个问题，❶ 只想说在我看来，在这个领域的英文文献中，马西娅·卡维尔（Marcia Cavell）似乎占了上风，尽管她所处理的是一个不同的话题（自由）。她拒绝了"叙事论者"和对应性理论支持者之间的辩论中固有的简单化，她写道：

> 我不认为……过去仅仅是我们建构的东西。恰恰相反，过去帮助我们建构了我们接受和走向世界的方式，正如在一个永无止境的循环中，现在帮助我们建构了我们对过去的理解……我们被嵌入、沉浸在外部世界中，而且……虽然这种嵌入性似乎与自由相抵触，但实际上仍是其必要条件之一。（Cavell，2003：527）

这种观点可以适用于真相问题。我们对真相的感觉受制于相同的嵌入性，也受制于我们接受或未能接受真相的方式。我甚至会补充说，这是一种双重的嵌入性：我们既受困于自己的身体，也受困于外部世界，只有当我们接受这两者的限制和要求，认同自己的历史，并对自己过去的生活方式——以及我们过去和/或现在的本能需求塑造历史，并使之成为现实的方式——负起责任，我们才是真正的自己。正是在这种辩证法中，我们的真相才是存在的，只有完全承认它是我们的真相，我们才能真正像歌德（Goethe）告

---

❶ 关于这一点，特别参见汉密尔顿（Hamilton，1993）和戴维森（Davidson，2004），以及帕森斯（Parsons，1992）的文献。

诉我们的那样，"成为我们自己"。

很显然，这随时都有变成一场哲学辩论的风险。然而，正是在这一点上，我们通过历史真相的概念，重新联系到弗洛伊德理论和最后几年的发展，而这个概念正是源于那个时期的历史真相。妄想，就像宗教——一种集体的妄想——包含着历史真相的一个片段，正如弗洛伊德在《摩西和一神论》的最后几页中所写的那样，他在《分析中的建构》的结尾处也这样写道：上帝并不存在，但一个伟大的人，一个原初父亲，很早就在人类以及每个个体的历史中存在了。

换句话说，历史真相不是过去的事实真相（material truth），但也不等同于心理现实（psychic reality）。它指向的是包裹在围绕着它而形成的心理建构之中的事实真相的内核。（值得注意的是，在 1935—1939 年的著作中并没有出现"心理现实"这一表述。）

所以，当被分析者说我们没有听到他们的声音，说我们不明白他们在告诉我们什么时，我们不应该简单地让他们回到他们的自我，回到他们的驱力和本能。事实上，这种态度很可能只会重现最初的创伤情境，重现婴儿期的、被周围人否认的经验。相反，我们应该专注于倾听他们的陈述中历史真相的片段，并如弗洛伊德在《分析中的建构》（Freud，1937d：268）中所说的那样，"把（它）从扭曲的形式和它对现实的依附中解放出来"。

显然，我们永远不会知道真正发生了什么——弗洛伊德称之为过去的"事实真相"——但通过触及历史真相的这一内核，我们更接近一个核心身份，能够向被分析者传递建构的真实感，并成功地赋予他们一种信念（Blass，2003，2006；Botella & Botella，2001）。在分析舞台上上演的戏剧建构了这个核心身份的一个版本：这个版本是片面的、不公正的（partiac）——在这个词的两个意义上都是如此——但毫无疑问它也是一种不可替代的、独一无二的分析关系。换句话说，在治疗中出现的历史真相并不是既定的，而在最真实的意义上，这是一种建构：一种基于共同努力的建构。❶ 这段旅程，尤其考

---

❶ 在这里我与海蒂·费恩伯格（Haydée Faimberg）的立场非常接近，她主张超越建构与重构之间的对立，并指出了建构中的一个悖论，"从定义上讲，它是追溯性的……同时又是预期性的"（Faimberg，1990：1159）。

验分析师和他不可避免的错误，这些错误与病人的历史交汇，每个人都担负着自己的历史真相。

这与温尼科特的另一篇文章《精神异常心理学》（The Psychology of Madness）（Winnicott，1965b）产生了共鸣。他写道，环境的失败（本质上）导致了一种被称为"X"的状态，这种状态可能导致防御的重组——例如形成一个"虚假的自我"。这种不足源于环境，防御同样会随着环境的变化而重组。但是，"对个人而言，绝对属于个人的东西就是X"（Winnicott，1965b：128）。

对我们来说，最熟悉的个体部分构成了我们个人建构的基础，这种建构使我们成为现在的样子，但我们无法体验到它，至少在一定程度上，它是由外部强加给我们的。在我们的内心，它与我们自己特定的、总是相互冲突的方式相遇，这种冲突存在于应对和不应对之间，还表现为既想面对，又想回避。正如我在前面提到的，我们得到了一个自相矛盾的结论，那就是我们否定的，恰恰是被阻止的核心的、主要的被否认的现实。从这个角度看，强迫性的重复和重复性行为——一种失忆性的记忆（Botella & Botella，2001；Green，2000a，2000b）——起源于在不断更新和永恒注定的努力中，隔离了这个历史真相的内核。

当触及这一点时，我们发现自己回到了这样的境地——我们的整个建构都是为了控制局面而设计的。我们正在接近我们身份的根基，这必然会引起最激烈的阻抗。然而，任何名副其实的分析过程都不可避免想要做到"触及那一点"。治疗中的退行试图把我们带回那个未被表征的节点。去重新发现它，或者说第一次发现它；即使不能面对它，至少也能暂时接近它，那个在我们的历史中从未发生过的部分——这就是目标。

但是通向那里的是一条奇怪的道路：一方面建构了一个共同的空间；另一方面为了使建构成为可能，我们必须坚持不懈、毫不妥协地进行解构——解构我们为了容纳未被表征的内核所设置的所有东西，即使我们将其暴露在分析性的场景当中，我们也会用我们所有的力量拒绝它，因为我们间接地知道，这条道路不仅通向过去丧失的客体（lost figure），也通向我们第一次经历丧失表征能力的时刻，在那一刻我们迷失（lost）了自己，也不再属于

（became lost to）自己。更确切地说，这是一次与自己回声的相遇——我们的回声被扭曲、改变，但在成年后，它仍不失为一种回声；它引导我们建构曾经属于我们自己的过去。然而，无论我们走得多远，无论我们如何试图（重新）建构，我们注定要失败，至少在一定程度上是失败的：这是我们人类条件的局限性所固有的失败。

建构、失败、在失败中恢复……也许这就是人类状况的定义标准，也是"可终结的分析"的定义标准。将我们的局限性变得能够被承受；代谢而不是消除沮丧，也就是比昂（Bion，1962，1967）所描述的关键选择；赋予这种无形的未知一种形式，使之成为可见的真实存在；总之，将创伤——与其说是未被表征的，不如说是表征的局限——转变为思维的"脐带"，而不是一味地拒绝思考：这就是我们共同建构的目标。

幻觉过程：愿望实现和促进

值得注意的是，在《分析中的建构》这篇论文中（事实上是在《摩西和一神论》中），触及历史真相的段落都嵌入了对精神病和幻觉的讨论，弗洛伊德在其中以最明确的语言断言，幻觉的形成有别于《梦的解析》（*Traumdeutung*）（Freud，1900a）中描述的退行性幻觉：

> 也许这是迄今没有受到足够关注的幻觉的一般特征，即某些幼年经历过，之后忘记的事情重新回到记忆中——在儿童几乎还不能说话的那段时间里，他看见过或听到过的事情，现在被一股力量带到意识之中。（Freud，1937d：267）

幻觉，就像梦一样（Freud，1940a［1938］），因此似乎包含了遗忘记忆的一个元素：一种在不知不觉中重复出现的记忆。那么，我们的任务就是建构在幻觉中重复出现的东西。

正如我们所知，弗洛伊德一直在回顾他最初的假设，即每个梦都对应于一个幻觉的愿望实现。在《超越快乐原则》(*Beyond the Pleasure Principle*)(Freud,1920g)中,他接受了(尽管是暂时的)梦境可能在欲望满足之前有控制和绑定功能(binding function),之后他又在《精神分析新论》(*New Introductory Lectures*)第 29 讲中对自己的立场进行了限定:"尽管如此,你可以说,梦是一种实现愿望的企图。"(Freud,1933a[1932]:29)这种企图反映了将创伤性影响转化为愿望实现的努力。

同时,费伦奇(Ferenczi,1931:138ff)勾勒出了他所谓的"对梦的解释的修正",这篇文章直到他去世后才发表。他将弗洛伊德在《超越快乐原则》中捍卫的观点推到了逻辑的结论。他的中心论点是,"白天残留物的再现本身就是梦的功能之一……它越来越让我们感到,所谓白天的(以及我们可以补充说,生活的)残留物确实是创伤的重复症状",因此"每一个梦……都是对创伤性经验更好地掌控和解决的尝试"(Ferenczi,1931:238)。

这一表述与弗洛伊德在《精神分析新论》中的说法非常接近。然而,这只不过是一种范式的转变。它有效地预设了梦具有溶解创伤的功能,这是弗洛伊德在《超越快乐原则》中对梦活动的应用:绑定功能是首要的——即使它不一定反对快乐原则,但它先于快乐原则,并且独立于快乐原则。

在他文章的其余部分,费伦奇区分了初级梦境和次级梦境,初级梦境是创伤的未被调控的重复,它往往由身体感觉组成,而以没有任何心理内容的形式出现(在我的经验中,可能包括难以理解的噩梦),而次级梦境往往发生在同一晚,试图将创伤的残余转变为愿望的实现。他指出了案例中将初级梦境转化为次级梦境的谬误本质,而对弗洛伊德来说,这正是梦境工作的目的。用费伦奇的话说,将创伤性残余转化为愿望实现的尝试导致了一种基于自恋分裂的"乐观主义的假象"(Ferenczi,1931:241)。

这种看待事物的方式在以下两个方面之间建立了一种有机的联系,一方面是费伦奇所揭示的创伤性分裂的模式,另一方面是弗洛伊德的梦的功能模式:梦是心理功能的一部分,而且是最发达的部分,它试图按照快乐原则运作。但是,受创伤的部分以另一种完全不同的方式运作,目的仅在于保持创伤继续存在——或者说,至少不可避免地有这样的倾向。换句话说,在这些患者中，愿望的实现是聪明的婴儿在起作用，它并没有表达出创伤体验的真相；更进一步说，在这种情况下，梦的"真相"不在于转换隐含材料，而在于其显性内容。同样，患者的梦和故事的显性内容不仅仅是掩盖了潜意识的材料或欲望的伪装，而必须从其本身的意义上考虑它是什么，它如何独立地受到潜意识欲望的影响。不仅如此，显性内容表达的是无法转化的"经验"❶的现实。因此，我们不应该——至少一开始不应该——试图把它翻译成潜意识的另一种语言，而是应该识别其未转化的状态并向病人承认这一点。

那么，必须始终从两个不同的角度来考虑白天的残留物——就像显性材料一样——它们有时是互补的，有时是矛盾的。一方面，它掩盖了潜在的内容；另一方面，它可能表达了——尽管是以一种扭曲的、变形的方式——一种生活经历的现实。

在我看来，弗洛伊德的最后作品似乎包含了关于幻觉功能本质的重要经验。做梦的幻觉过程，即他在《精神分析纲要》中描述的"无害的精神病"，与另一种不同的幻觉过程相互作用，这种过程被我称为幻觉磨损（*hallucinatoire par frayage*）：它独立于快乐原则，透过幻觉过程的促进❷，刻画出一种尚未完全整合进心智的痕迹［类似于比昂所说的"幻觉性精神病"（hallucinosis）］。传统意义上的梦的工作，是试图通过促进过程将这些记忆痕迹转换为愿望的实现，但它并不总是成功的——事实上，这远远不够——因为这种转换在很大程度上依赖于梦的过程中的一个前期阶段：它的创伤溶解功能。因此，这一过程似乎包含了三个阶段：首先是原始材料的汇聚，其次是对原始材料的表征，最后是转换为幻觉愿望的实现。

在治疗非神经症患者时，虽然必须考虑这些不同的阶段。但是我相信，这样做有更普遍的价值，那就是触及每个个体心理组织的根基。再一次套用弗洛伊德的说法，它强调了人类将创伤事件的记忆痕迹转换为愿望实现的路

---

❶ 这里需要引号，因为不可能对这种情况具有主观所有权。
❷ "facilitation"（促进）是斯特雷奇对德文"*Bahnung*"（字面意思是"pathbreaking"，即开拓）这个词的常用译法——弗洛伊德早在《科学心理学项目》（*Project for a Scientific Psychology*）（Freud，1950［1895］）中就用过这个词，它比英文的"facilitation"更好地传达了这一过程的经济维度。

径的复杂性。正如我在这一章中试图阐明的那样，幻觉过程的真实性对于支撑我们理论和实践中的广泛概念也同样适用。

这代表了我们领域研究工作的一个关键维度。我们先探讨了可能是理论细节的关键点——建构的概念在弗洛伊德最后的作品和他的遗作中的地位。这个任务引导我们去（重新）建构我们所要研究的概念，即重构，它反过来又改变了我们对整个理论的看法：我们对人的心理和心身功能看法的转变，也发生在分析师的访谈工作中，反过来，从特殊到一般，我们会努力建构一个生动的理论。

当代精神分析中的重构

哈罗德·P. 布卢姆❶（Harold P. Blum）

在精神分析史上，人们对重构的兴趣起起伏伏。最近几十年来对此时此刻的分析性移情关系的强调，让重构在当代精神分析中受到了特别的挑战。对一些认为分析过程在很大程度上是共同建构的分析师来说，重构似乎是无足轻重、无关紧要，或者不可能的。"重构"是指在病人的童年与现在的人际关系、目前的冲突和愿望之间建立联结，它是一种假设，是对分析性材料的最佳拟合，将分析性材料带入活生生的历史。我在脑海中建构了一个灵活的模型，这个模型描述了病人的童年和青春期，以及那个仍然住在成人世界里的孩子。过去与现在、幻想与现实、原因与结果都被包含在一个解释性的重构框架之中（Blum，1998）。

我认为重构是一个分析师和被分析者共同参与的过程，也是精神分析治疗作用中的一个有价值的因素。利用重构的能力因病人而异。有些病人在记忆恢复和重构方面有天赋，并可能带头进入关于现在和过去的重构当中。有些病人则很难找回童年，很难恢复或建立过去与现在之间的联结。此外，一些特殊的病人，如发育停滞、失常和有缺陷的病人，也可能无法直接获益，但重构对于分析师理解病人的状况仍是有价值的。当代关于重构的争论可能

---

❶ 哈罗德·P. 布卢姆是纽约大学医学院精神病学系精神病学临床教授和培训分析师，美国精神病学协会杰出研究员。他是西格蒙德·弗洛伊德档案馆的执行主任、精神分析研究和发展基金总裁、《美国精神分析协会杂志》（*Journal of the American Psychoanalytic Association*）前任总编辑、国际精神分析协会前任副主席。他是150多篇精神分析论文和几本书的作者，并获得了许多奖项和讲师职位，包括首届西格尼奖，马勒、哈特曼和洛兰德奖；他在纽约、伦敦、维也纳和法兰克福开设弗洛伊德讲座，也开设安娜·弗洛伊德、哈特曼、布里尔、弗兰德和斯珀林讲座，两次对美国精神分析学会致辞，在意大利佛罗伦萨主持了四次精神分析和艺术专题讨论会。

比精神分析的先驱者们更加激烈——例如，历史真相与客观真相、因果关系与意义，以及精神分析作为自然科学与诠释学之间的关系。相关的问题还有成人分析与儿童分析中的重构、前俄狄浦斯期（pre-oedipal）的重构，以及重构病人时常混乱的目前生活状况（Blum，1994）。

在我看来，病人所处的心理发育阶段越早，参与分析性重构的推测性就越大。前俄狄浦斯期的重构，尤其是前言语期（preverbal）的重构引发了许多关于重构有效性的问题，不同分析师之间的观点差异很大。当前的分析数据不支持将成人与婴儿期失调直接联系的线性模型，认为成人的神经症并不是婴儿神经症的复制。婴儿的创伤性经历不太可能直接进入后来的精神分析（Gaensbauer & Jordan，2009），这些创伤的各个方面可能被后来的发展改变。延续性的概念，是贯穿患者症状和性格病理的一条红线，与今天的情况形成了鲜明的对比，今天，我们更多考虑的是发展变化和不连续性。由于发展遵循分化和整合的模式，因此最早的发展障碍可能会有更广泛的影响。婴儿更容易出现退行和混乱，整合能力非常有限，这对前言语期的重构造成了重大阻碍。弗洛伊德（Freud，1930a [1929]）提出，最早的精神生活保留在大脑中的某个地方，尽管对原始形式的保留这一提法并不符合现在的神经科学。婴儿在出生后第一年，大脑的体积增至原来的三倍，而在婴儿期，整个大脑区域都经历了分化、髓鞘化，以及去除一些神经元簇。如果内隐记忆在婴儿早期起作用，那么如何在以后的发展阶段可靠地对其进行检索和解释仍是个问题。出生后第一年的记忆痕迹和衍生物可能是浓缩的、分散的、零碎的，记忆可能会在后来经验的影响下被重塑。这是弗洛伊德的假设，也与当前的神经科学相一致。创伤的自传式记忆是自我参照（self-referential）的，在童年早期无法获得。这种自传式记忆被称为情景记忆（episodic memory），而不是事实记忆（factual memory），是自我参照的，并与时间和生活史联系在一起。因此，有必要进行重构，以将记忆放在生活史的背景当中，分析、组织和整合零散的、被扭曲的记忆。

在分析生活史的过程中，有人指出，患者对其生活史的有意识描述不可避免会有偏见，并且容易出现偏差、扭曲和不一致。除了防御性和想要改变记忆的愿望之外，还可能存在登记和检索的问题，目前这被认为与严重创伤有关。严重和长期的心理创伤会改变人的大脑和心理，可改变杏仁核、收缩海马体，并在脑部其他部位有辐射致病作用。也许并不存在对过去的准确记忆，至少没有记忆可以在所有情况下——无论是通过催眠、药理作用、大脑刺激，等等——都能重现准确的、未经修改的过去经验。弗洛伊德（Freud，1899a）提出屏幕记忆（screen memory），想知道在现在的回忆中，被记住的东西是否真的是重新建构的。然后他提出：

> 我们是否从童年期起就有记忆，这一点可能确实应该被质疑：与童年有关的记忆可能就是我们所拥有的一切。我们童年的记忆所展示的并不是我们最早岁月的样子，而是它们在回忆被唤醒后出现的样子。在这些唤醒的阶段，童年的记忆并不像人们通常说的那样出现，而是在那个当下形成的……对历史准确性的关注，对于记忆的形成以及记忆本身的选择都起不到什么作用。（Freud，1899a：322）

并非所有的记忆都是部分的屏幕记忆吗？过去被现在的扭曲镜头和发展经验的积累效应过滤。那么，成功的重构不仅可以完成记忆的再加工和重组，还可以作为之前无法拥有的缺失记忆的内聚性替代物。需要警惕的是，在重构的过程中，分析师可能会重写历史，与病人共同创造一个叠加在病人个人神话上的分析性神话。

弗洛伊德（Freud，1937d）强调重构（有时他也称之为"建构"）是分析的主要任务。格林纳克（Greenacre，1981）区分了分析师最初的猜想/建构，与之后基于扩展的分析工作的重构。传统的精神分析强调解除婴儿失忆症和遗传学解释的重要性，但这只是更为宏大的、对病人的童年进行重构工作（包括冲突、创伤、客体关系等）之前的准备。随着新近对反移情、主体间性和人际影响的关注，遗传学的问题不再像之前那样受到重视。病理性过去在一些精神分析学派中较少被涉及，而是视教师和督导的个人喜好而定。目前移情性解释比从童年到青少年的转变更加引人注目。移情-反移情和人际效应方面的临床报告在文献中处于主导地位。这并不意味着在分析工作中不使用重构，因为一些分析师可能没有对其所做的重构工作进行识别或标记。我相信，许多或者也许大多数分析师至少进行了阶段性的重构，他们也可能没有意识到这一点，并明确地传达给病人。显性重构已被证明在理论和临床上有益于休克创伤和累积创伤的精神分析治疗（Reed，1993；Rothstein，1986）。

重构和解释，特别是和遗传性解释之间有什么区别？我认为解释的范围比重构有限得多。解释可能指向的是特定的、对一种情感（如羞耻或内疚）的防御，如压抑或否认；或指向移情关系的一个当前的或遗传的方面，例如对施虐移情的解释，往往带有分析师自己的理解，即病人在反移情中试图引发什么，这不一定是一种重构。同胞竞争中的虐待行为可以解释为移情，与之相同的是，可以将对同事和同伴的严重攻击解释为附加移情（extra-transference）。重构将一系列具有心理含义的行为和兄弟姐妹出生的后续影响（sequelae）联系起来，推断出最初和长远的后果。兄弟姐妹的出生等经历对病人的生活和整个家庭都有影响，围绕着兄弟姐妹出生的历史事实并不是无足轻重的，而且有意识和潜意识的影响，它超出了移情或起源性解释的范围。弗洛伊德在其经典的重构例子中阐明了这些反应：

> "你一直认为自己是母亲唯一的、没有任何限制的拥有者，直到那年，另一个孩子出生，这给你带来了严重的幻灭感；你的母亲离开了一段时间，甚至在她再次出现之后，她也不再像从前那样全心全意地爱着你。你对母亲的感觉变得矛盾起来，而父亲对于你而言，有了新的重要性。"等等。（Freud，1937d：261）

重构超越并扩展了移情和起源性解释。它可以整合一些先前的移情和起源性解释，同时激发额外的联想、记忆检索，或提出修改，或对重构提出异议。此外，对兄弟姐妹出生的分析性重构，不再是限于原始形式的儿童内在的心理体验，而是在一个更高的发展水平上。儿童不具备成人的语言、自我发展、情感识别、概念化和整合能力（Blum，2005）。分析中的重构将过去变得鲜活，但却与现在动力性地联系在一起，例如，在分析情境中兄弟姐妹之间的竞争性移情再次浮现。

在最初的澄清和解释之后，重构可以为进一步的起源性解释和移情解释提供一个模板。因此，在分析的初始阶段之后，当拥有更多的分析性数据时，重构的过程更有可能展开。弗洛伊德在精神分析早期提出的快速重构被他在生命末期提出的经验丰富的建议取代，他说：

> 在对我们的知识和他的知识作出严格区分这一点上，我们从未失败过。我们避免突然告诉他我们经常在早期阶段发现的事情，也避免告诉他所有我们认为已经发现的全部内容。（Freud，1940a [1938]：178）

在我看来，将重构作为一种特殊的技术性干预手段的分析工作，与分析师对重构的信念/病人对重构有效性的信念区分开，仍然是很重要的。

对大多数分析师（包括我自己在内）来说，重构并不需要近亲或家庭电影、日记、信件或家庭文件的附加分析确认。然而，总的来说，我欢迎分析之外的确认或令人信服的证据，以改变或废除重构。能够参与重构过程的病人，会随着分析工作的进行，经常对重构进行补充或修改。因此，尽管重构和分析过程的任何方面都可以被当作阻抗，但我并不认为重构是一种从现在逃到过去的阻抗。仅对很久以前和遥远的事情进行理智讨论，就回避了当前和过去的情感体验和潜意识冲突。有效的重构必须具有情感上的意义。对童年的重构应该有助于现在的病人从过去的致病残留物中构建一个更有价值的未来。

弗洛伊德在自我分析过程中惊人的重构，启发了一代又一代精神分析学生，并催生了一系列相关的分析论文。恋母情结的冲突阶段、弟弟朱利叶斯（Julius）的死亡、母亲的怀孕、妹妹安娜（Anna）的出生、独眼医生、因偷窃而入狱的女仆，都从埋藏已久的过去中被找回，从婴儿失忆症中复活。在没有任何指导，有时又被他的前分析师弗利斯（Fliess）迷惑的情况下，弗洛伊德与他的母亲一起检查了他的重构，这主要源于对梦境的分析。重构的价值已经确立，但重构的复杂性和问题仍然摆在面前。其实，有两个，或者说可能有三个女仆，重叠成了一个。他弟弟朱利叶斯之死给弗洛伊德留下了罪疚感的萌芽，这种体验使弗洛伊德能够对母亲的抑郁症作出反应，他母亲在短时间内失去弟弟朱利叶斯和儿子朱利叶斯（Blum，1977；Krull，1986）。

在精神分析的先驱时代，几乎没有考虑到历史和文化背景、分析教育、理论立场、反移情、偏好和分析师的偏见等因素在重构中的影响。在当代精神分析中，由一位弗洛伊德学派的自我（ego）心理学家、一位克莱因学派的分析学家和一位自体（self）心理学家进行的重构（例如对发病机制的重构），很难是相同的，尽管它们很可能是互补的。分析师的个人偏好和偏见也会影响重构的过程和内容。重构可能会有所不同，更不用说在同一分析框架内的不同分析师了。重新考虑弗洛伊德（Freud，1905e）对朵拉（Dora）的分析，显然，简短的分析没有考虑到她是一个青少年。在精神分析的早期发展中，对反移情和发展阶段都没有足够的重视。重构分析中的反移情有助于分析师对自己的童年以及病人发病机制的理解，这一点在朵拉的案例中被忽略了。

对沉默的重构与对发展的促进：临床片段

在当代精神分析理论和临床精神分析工作中，重构可以被理解为促进被阻滞的发展（Winnicott，1965a）。这种发展的视角扩展了传统的聚焦于潜意识冲突和创伤的分析。从对一个有发育障碍、创伤的病人的分析中摘录的片段，提供了一个解释和重构互补和互相影响的例子。此外，在对一个经常沉默的挑衅性病人的分析中，重构帮助病人找到了他的声音，也帮助分析师理解了他在沉默中听到的东西（Bergmann，2000）。病人的沉默与在语言表达时不能自由联想有关，并伴有深深的不信任感。缺乏语言交流并没有排除非语言交流的方式，但长期的沉默必然是对"谈话治疗"的阻抗。分析性沉默是一种可能与任何发展阶段有关的症状，通常是多种因素决定的（over-determined），而且对于每个被分析者来说都是独特的。看似难以解决的沉默，对分析师和分析过程有不同的影响，反过来对病人也有影响。被囚禁在病人难以控制的沉默中，简直可以考验一个圣人的耐心。移情-反移情的场域被沉默塑形，它测试了分析师的耐心和容忍度，以及保持清醒和专注的能力。沮丧到互相恼怒的程度，有可能激发分析师的敌意，而以牺牲分析的调谐和共情为代价。可分析性的局限受到了质疑，分析过程的双方都想知道分析是否是适当的治疗方法，对病人是否有助益。

旷日持久的沉默可能出现在任何病人身上，但更有可能发生在严重创伤和发育障碍的病人身上。分析师的沉默对病人来说既是一种威胁，也是一种安慰；病人邀请分析师和他一起沉默——这实际上是一种无声的交流。他利用持久的沉默从分析师那里提取意见和问题，测试分析师的攻击性和挫折耐受力，并保持对危险想法和焦虑的绝对控制。病人在沙发上冷漠的沉默和僵硬的姿势，表明他已经受到了创伤，并且在保护自己，防止创伤的重现。

重构应考虑分析情境的历史和社会背景，以及患者童年的历史和社会背景。

患者是移民父母的孩子，语言发展迟缓，早期上学困难。他是一名差生，在学校有纪律问题；他在家里脾气暴躁，这与他目睹了父母之间的多次争吵有关。在分析初期，他对父母的心理特征、态度和行为的描述能力有限，思路很容易被打断，言语风格和沉默表明他有一种固执的隐忍，需要"挖掘或挤出材料"。他承认自己的肛欲期抑制（anal withholding）与对一些想法和感觉的压抑有关，但他的沉默有强大的潜意识决定因素。虽然他可以说出是逃避和伪装，但他并不知道自己沉默的深层动机和功能。他呈现的是孤立的人物形象，往往是施虐场景的片段。随着他对分析师的信任和信心的增加，他能够报告青少年时期的残忍和违法行为，例如小偷小摸、折磨动物、曾经在家中放火和灭火。他对青春期的同性恋尝试感到羞愧，通过强迫性的异性幻想自慰来缓解焦虑。在开始分析时，患者将自己的猫咪进行了阉割，以控制自己的阉割焦虑。随着分析的进行，他开始在来治疗前自慰。他对女性特征的恐惧，对自己有缺陷和被阉割的恐惧，浮现在自己长着一张女人的脸的意象中。他对自己的违法行为感到羞愧和罪恶，幻想着受到严厉的惩罚。抑郁的状态出现了，他在抑郁的沉默中痛苦，希望分析师和他一起承受痛苦。在其他时候，他的沉默似乎代表了一种自恋的遐想，一种无所不能

的自我满足，在这种自我满足中，他不需要分析师，也不需要其他任何人。他对完全独立的幻想掩盖了他对依赖的焦虑。他想象着被分析师置之不理的惩罚，让他彻底地被抛弃。他可能也已经意识到，通过潜意识的沟通和投射性认同，他的分析师有时觉得他应该"好好做，否则就离开"。

但病人并没有摧毁分析师，也没有在反移情的反击中被摧毁。之后他能提到一个明显被回避的重要话题。他有一个躁郁症的母亲，她有严重的抑郁症，可能还有自杀倾向。她在他小时候就需要接受电击治疗，在他出生后可能患有产后抑郁症。他的母亲在他分析期间曾短暂住院。他没有意识到自己对母亲的认同，只是模糊地意识到母亲的躁郁症对他的发展有影响。他否认自己对双相精神错乱的恐惧，同时又有意识地害怕自己发疯或使分析师发疯。他的一些移情反应和症状可以理解为与他母亲的抑郁症有关。他因我的爽约或假期而产生的分离焦虑和愤怒变得明显，从起源上解释为他对失去母亲这个有功能的爱的客体的担心。病人的犯罪行为，以假性男性气质（pseudo-masculine）的面孔，掩蔽了他对母亲的女性认同、攻击性和对母爱剥夺的补偿。他不知道自己对母亲的愤怒和报复性的弑母幻想。他在分离期间曾给一只猫喂食过度，主要是代表他试图滋养他受损的母亲和被剥夺的自我。他幻想着被遗弃的宠物、在事故中受伤的人以及有损坏和失效迹象的设备。虽然他幻想着另一个不同的母亲，但他不自觉地感到失望，就像他父亲一样，对自己没能修复"被阉割"的、疯狂的母亲感到痛苦、失望和内疚。解释与重构交织在一起，相互协同，我认为这在临床精神分析中是常见的。在幻想中，分析师和分析会保护他和他的母亲免受躁郁症的影响。他一直害怕母亲真的会因为他的死亡愿望而死，然后联想到她想要去死的抑郁症宣言。在抑郁的深渊中，她既不会说话，也不会吃东西；在移情中，他在沉默、无助、绝望的母亲和孤苦无依、被抛弃、受创伤的孩子之间交替。重构使他理解并感受到他的生活、性格和症状有多少是笼罩在他与沉默的母亲和伤痕累累的父亲的关系和认同中。他的父母在一段无爱的婚姻中彼此疏远，与之相似，病人觉得他和他的分析师也在彼此的沉默中相互疏远。然而，他断言，如果他中断分析，那将是一种自杀，他会重演母亲的病情。

尽管该患者确实报告过工作时短暂的白日梦，在沙发上有过幻想，但他直到接受分析将近两年后才开始报告梦。童年噩梦的一段重要历史与睡眠的间歇性恐惧有关。患者的第一个梦是一个噩梦，这似乎是一个突破，特别是患者终于能够记住、报告，并联想到梦。在这之前，分析师努力询问病人的想法，询问病人对分析师和分析的感受和态度，也有关于沉默的询问，但得到的往往是更多的沉默。

患者从梦中惊醒，汗流浃背，颤抖着回忆梦境。报告的噩梦是精神分析重构的序幕：病人正在洗澡，水是混浊的。他看到水在动，似乎是水面下有什么东西。有一片血，一个被砍掉的头出现了，其一部分是蜥蜴，另一部分是猫科动物。猫和蜥蜴之间发生了争斗，蜥蜴杀死了猫，病人想要报仇。他准备攻击蜥蜴，但蜥蜴被激怒了，攻击了他，咬伤和抓伤了他。最后他杀死了蜥蜴，但他一想到会得狂犬病就很害怕。狂犬病会袭击他的大脑，他可能会变得像无头猫以及失去了头脑的母亲一样。虽然这个噩梦有一个严重退行的层面，但它唤醒了沟通和驾驭创伤的新努力。噩梦描绘了他自我的可怕方面和内化的客体关系，还传达了他在绝望地为自己和母亲寻求帮助。

患者能够对噩梦进行联想并参与分析工作。他意识到自己可以接种狂犬病疫苗，这表明只要及时治疗就可以避免致命的疯狂。他对身体（生殖器）损伤和大脑损伤的恐惧，与他对自己冲动的恐惧和母亲的抑郁结合在一起。他母亲在抑郁时穿着凌乱的衣服，躁狂发作时是有意识的恐惧和潜意识的兴奋。他可能看到过母亲几乎脱光衣服的状态，她那疯狂的兴奋刺激了他自己内心危险的性欲唤起。他频繁的沉默就像杀死了蜥蜴，也杀死了分析师和分析。沉默也是睡眠和死亡，在前俄狄浦斯的共生和恋母乱伦的浓缩幻想中，他和母亲睡在一起。

病人的噩梦、沉默和症状的潜意识意义被整合在回忆和重构的过程当中。他的阉割、肢解焦虑和自恋的伤害被生动地表达出来。他变得像母亲一样疯狂，这也是对他被禁止的幻想和过去的犯罪行为的惩罚。他开始认识到自己对母亲的爱和恨，这在他幻想与母亲合二为一以及谋杀母亲的幻想中表现得很明显。

在安全、有保障的分析情境的框架下，患者参与了重构的过程。我们对其指向母亲的分裂的愤怒和仇恨进行了重构，保存了功能良好的客体。这种分裂也模拟了躁郁症的坏母亲和功能良好的母亲，这个好母亲是深情的、善于沟通的，能够给予情感支持的。他的母亲可能会表现为不同的人，抑郁、狂躁和"正常"。对他来说，要整合对这位既相同又相异的母亲的爱与恨，是一件很困难的事。当她深感抑郁时，他也曾求助于更稳定的父亲。随着重构范围的扩大，他认识到自己曾将母亲的抑郁归咎于他和父亲对她的攻击。在分析期间，他的沉默寡言是对沉默的、抑郁的母亲的认同，是从他和母亲生活的其他部分解离出来的。

分析就像一个梦境世界，脱离了普通的、正常的、清醒的生活。他静静地躺在沙发上，就像他的母亲沉默地躺在床上。在分析之外的生活中，他可以进行日常对话和工作对话。他早先做的一些关于英雄拯救遇险少女的白日梦，就是关于他母亲的拯救幻想。他的恋母情结可能是由先天不安全的依恋和与躁郁症母亲分离个体化的困难引起的。他的职业追求包括试图消除和掌控他过去的创伤。在不断扩大的重构中，他承认，他保留了自己说话或沉默的自由，他可以为他的分析师-母亲说话，也可以反对或者代替她。他掌管着沟通。当他的母亲不能说话时，他有的时候会从她的非语言线索中直觉地推断出她的想法和感受。在更多的分析过程中，重构也让他表达了深深的失望，因为被理想化的分析师和分析既不能修复或替代坏的母体客体，也不能神奇地治愈受伤的自我。但他真正的外在客体和他真正的分析师现在可以融入一个更完整、更连贯的世界。他正在成为一个更加"情绪稳定的"（together）人。

重构在改善病人的客体关系、自我功能和适应现实方面有多大的价值？在将他的发育障碍、累积创伤和潜意识冲突的许多方面联系在一起时，重构是否发挥了多种作用？对病人的过去和现在及其之间关系的重构是否有效？我相信，该患者以及其他许多患者的童年重构方式取代了对被压抑记忆的重新恢复，而压抑的记忆在精神分析的形成时代曾如此重要。记忆可能会随着时间的推移而改变，它可能或多或少是准确的，而在一定程度上是病人的幻想结构。通过分析性重构填补空白，使自我的连续性和凝聚力得以恢复。记忆和重构通常是相辅相成的。重构本身是结构变化的重要因素吗？这是一个

复杂的评估问题，重构的效果不能人为地从先前和随后的解释中分离出来。在这个困难的案例中，与潜意识的童年冲突和创伤的重构过程平行的是，分析师作为一个新客体的经验，提供了一个澄清、理解的，可靠、平静、情感调节的氛围，促进了病人后期的人格发展。在这个案例的分析过程中，分析经验和分析洞察力的影响是相互促进的。重构进展缓慢，与反复的阻抗作斗争。病人对童年的重组和再创造，及其与他当前和未来生活的相关性，被病人以零碎的方式同化和整合。重构不仅可能在分析的过程中被修正和修改，而且可能在分析结束之后，以及在未来的生活中被修通。

应用分析中的重构

对长期沉默的分析工作唤起了应用精神分析的无声文本。大多数精神分析的非临床解释，例如对艺术、文学、传说等的解释，实际上都涉及重构。"石头在说话"（*Saxa loquntur*）（Freud，1896a）隐喻了在没有活人作证情况下，对过去的分析推断。沉默的过去的声音没有音调或音量，也没有伴随的面部和手势表情。文本不会自由联想，也不会确认/挑战解释或重构。文本对分析师没有移情，尽管分析师可能对文本有移情。在分析情境框架之外的重构方法论，必然不同于临床精神分析中的重构方法论。两种形式的重构都涉及分析的知识以及主观的、直觉的因素。二者的相似之处在于，都永远不可能精确地重述过去。然而，应用分析发现并重构了重要的理解，这是非分析性调查模式不可企及的。弗洛伊德（Freud，1910c）对达·芬奇童年的开拓性重构启发了多个学科相关的复杂重构。除了对于当代文化的贡献，重构对于精神分析的发展历史也是特别重要的。精神分析师对历史中的重构和不断发展是特别感兴趣的。学术分析性的重构这一独特领域在无数论文中被证实，如《弗洛伊德的自我分析》（*Freud's Self Analysis*）（Anzieu，1975）和《心灵的革命：精神分析中的创造性》（*A Revolution in Mind：The Creation of Psychoanalysis*）（Makari，2008）。

建构与历史化

埃布尔·法恩斯坦❶（Abel Fainstein）

这是我的观点——其他作者也有同感——就像弗洛伊德在他的案例和后来的《分析中的建构》（Freud，1937d）中提出的，在很大程度上建构在目前的精神分析中已经失去了其最初的重要性。

我认为，遵循弗洛伊德模型进行分析工作却较少使用建构，可能与跨学科的关于文化的贡献有关，它更多强调现在而不是过去的主导地位，从这个意义上说，更多强调记忆，而不是历史（Hartog，2009）。

通过这种方式，记忆，即记起、移情中的见诸行动（acting-out）以及分析治疗中的梦的分析，在一定程度上取代了对成长史的分析，因而也取代了作为分析师可用工具之一的建构。

此外，在我们目前的临床实践中，与最初弗洛伊德对建构的描述相比，已经逐渐发生了一些变化，如下所述：

---

1. 虽然最初将建构描述为分析师对被压抑和遗忘的材料进行的干预，但在过去几年中，它们被用于解决缺乏表征的记忆痕迹。

---

❶ 埃布尔·法恩斯坦出生于阿根廷布宜诺斯艾利斯，毕业于布宜诺斯艾利斯大学医学院，在精神病医院以及阿根廷精神分析协会的安杰尔·加马（Angel Garma）研究所接受过训练，专门从事儿童和青少年精神分析。他是阿根廷精神分析协会（APA）的正式成员和培训分析师，曾任 H. Racker 诊所主任（1990~1994）、APA 主席（2000~2004）等职位。他撰写过许多论文，主题包括儿童和青少年精神分析，反移情，临床实践中的主体性，舒曼和幻想，心身医学，分析师之间的关系，事后性（Nachträglichkeit），哀伤和忧郁，记忆、重复和工作，分析训练，虚拟身体等。

2. 虽然建构最初是分析师进行的一项解释性的干预，但如今，历史化已被视为分析任务的范式，并且，这主要是由患者掌控的。

基于这些观点，本文的目的将是讨论分析实践中历史与记忆之间关系的某些方面。此外，本文还将提出关于弗洛伊德的"建构"概念在我们目前的临床实践中发生的一些变化。

在讨论这些想法时，我想阐述一下我自己的临床实践，并评估精神分析对文化的贡献。的确，我认为即使精神分析必然与文化时代有关，它也绝不应失去其质疑的本性。从这个意义上讲，某个时期的分析治疗应该是超越了记忆，而更接近某个历史时代。

虽然我作为分析师的任务，在很大程度上基于分析情境中的分析（在移情中表现出来），和旨在完成去认同（dis-identification）的历史化—符号化过程之间的双向交换；即使我通常不仅用建构来处理已经被表征了的临床材料，而且还处理缺乏符号化的材料——但我认为，界定弗洛伊德对建构概念的特殊贡献，以便使未来的发展成为可能是很重要的。

关于历史与记忆之间关系的当代观点

精神分析实践与其背后的特定文化紧密相关：文化和生活方式与我们现在的时代紧密相关，而当今时代与一百年前的时代是截然不同的。我们从一个大陆到另一个大陆旅行仅需几个小时，同时我们还可以与生活在世界另一端的人在线联系。由于技术的进步，人们克服了曾经无法逾越的时空间隔。

在这种情况下，虽然我们应该投入必要的时间来实践它，但精神分析作为一种心理治疗方法，是主观性最后的堡垒之一，在它被创建一百年后，又经过长达五十年的分析实践后，是无法保持不变的。一个人想要接受分析的愿望会受生活时代的制约。分析设置中的变化（往往涉及每周会谈次数减少），以及允许对那些更传统的临床实践作出改变的观点（如内部设置），都是这方面的表现。

考虑到建构所带来的信念,在分析性治疗中是一种历史化的形式,最初被描述为一种替代回忆的"寻找被病人遗忘的岁月的图景"(Freud, 1937d: 259),我们应该问问自己在当前的临床实践中使用它的意义。

- 从根本上说,信念还是回忆的替代方式吗?
- 我们需要寻找"被遗忘的岁月"吗?
- 在我们目前的实践中,历史建构的使用减少,部分被对回忆的工作取代,而回忆的基础又是记忆和移情的实现,这是否可以归结为这样一个事实,即在许多情况下,在分析治疗中用于分析和修通的时间已经大大减少?

我将以弗朗索瓦·哈托格(François Hartog)关于历史性的动态和当前的主导思想为出发点,采用跨学科的方法来处理这个问题,这可能会动摇记忆对历史的主导地位。

根据哈托格的观点,自二十世纪八十年代末以来,时间的概念已经达到了一个危机点:对当下的分类占据了越来越主导的地位,尽管我们只能根据当下采取行动,但我们所谓的"当下"却在不断变化。

因此,哈托格描述了基于不同社会对时间认知的"历史性体制"(regimes of historicity),用来研究过去、现在和未来这三个范畴之间的联系。

根据哈托格的说法,当下的优势导致记忆被巩固为最坚定和最包容的概念,而不利于历史的发展。然而,他提醒,记忆不应该有"最终决定权",就像它曾经拥有的那样。如果强调当下和记忆之间的对比,那么过去发生的事情就会因为没有足够的空间而无法被分析。记忆是必不可少的,因为记忆拥有一定的权利。然而,历史学家需要空间来理解过去发生的事情,因而需要空间来更新某个时间段,让过去成为过去,以便未来能够展开。

哈托格认为,只要我们在现在和记忆之间进行对比,就有可能永远停留在一个暂停的时间里——一个可能作为补偿的、充满怨恨的时间,一个在过去、未来和历史中都没有位置的时间。

哈托格认为，记忆存在于敏感性、情绪和感觉当中。相反，历史的特点是有距离、分析性和批判性的视角。尽管二者是相通的，但仍然构成了处理过去的不同方式。记忆解除了历史的束缚，但拒绝历史的记忆是不可接受的。我们知道，回忆的东西不能被认为是事件真实发生时的、真正的记忆。这是记忆不应忽视历史的原因。因此应该在历史和记忆之间找到一种共存的形式，这种共存与每种社会对时间特有的认识是分不开的。

我相信，这些分类非常接近精神分析的观点——尽管哈托格没有在他的参考文献中提到弗洛伊德及其任何追随者——让我们能够与所要讨论的主题建立联系。

记忆和历史都是精神分析学家所珍视的概念。虽然我们可以在它们之间建立联系，但也应该加以区分。记忆通过回忆或行动来实现，是将过去的知觉痕迹在一定程度上符号化。而另一方面，历史则是一种关系性的"纬线"，它是由患者在事后（a posteriori）建构出来的，需要以移情经验为出发点，借助分析来重新书写。

精神分析一开始致力于记忆的恢复，后来不得不考虑到这些记忆也可以被表演出来。后来，精神分析还包括了心理活动前（pre-psychic）的知觉痕迹，这些痕迹永远不会被记住，而只是被表现出来。另一方面，神经科学所表现出的对记忆的兴趣，使人们更加重视这个概念，甚至有人提出了抹去记忆的可能性；因此，恢复历史层面以超越记忆的主导地位是很重要的。

此外，在整个精神分析的历史中，客观真相（objective truth, *Lebensgeschichte*）迅速被历史真相（historical truth, *historische Wahrheit*）取代，而历史真相又受到对愿望进行表达的制约。

如果我们同意，回忆不能被认为是事件的真实记忆，我们就需要在历史和记忆之间找到一种共存的形式。精神分析引入了移情中的分析情境，可以把两者联系起来。在分析情境中，记忆不仅是回忆，而且是实现和重复。只有考虑到这种复杂性，才能在分析治疗的情境中书写历史。从这个意义上说，弗拉克特曼（Fractman, 1995）提出了一套标准，以区分由病人带进分析的生活史和由分析带来的生活史之间的差异——前者由"胜利者"（受到死本能和去色情化影响）书写，后者是分析带来的结果，受到生本能的影响。

除了临床实践，我认为在社会背景下，如果历史记载被证明有助于防止记忆变得平庸，我们则应该向其让步。这一点是针对集中营提出的：最初，参观集中营是作为一种铭记的方式，然而，当它们成为旅游目的地时，反而变得平淡无奇。文字记载，或者大屠杀幸存者、国家恐怖主义受害者的简单证词（例如从过去几年开始收集的证词），可以消除记忆变得平庸的风险。

精神分析中的建构

在《分析中的建构》中，弗洛伊德写道"是否所有的心理构造都真的可以被完全损毁？这是个值得怀疑的问题"（Freud，1937d：260）。这句话引导我们探究这种心理结构的性质，以及它的呈现方式。我们知道，在分析情境中，心理结构要么是被记住的，要么是见诸行动的，而分析的任务是使它们进入意识。这也是为什么建构与解释一起，是分析师最重要的干预手段。因此，它们在精神分析实践的文献中被广泛讨论。在弗洛伊德的著作中，"建构"和"解释"这两个术语被明确区分，但情况已不再是这样，有许多"解释"都包含了"建构"。

除了弗洛伊德的主要文章《分析中的建构》外，还有其他围绕这一主题的案例，如"狼人""鼠人"（the Rat Man）（Freud，1909d）中的案例以及女性同性恋的案例（Freud，1920a），即马里萨和马里塔（Marisa and Marita）案例，虽然弗洛伊德本人没有发表，但贝尔赫雷特（Bergeret）在1986年重新找到它并进行了整理（Fractman，1995）。

在弗洛伊德看来，解释的目的是通过研究"材料的某些单一元素"来寻找意义，如事件或过失；而建构与解释不同，涉及向病人呈现"被遗忘的早年经历"（Freud，1937d：261）。弗洛伊德预料到这些建议中所隐含的暗示力量会受到质疑，他写道，"（我们通过建议将病人引入歧途的危险）确实被过分地夸大了""这种对'建议'的滥用在我个人的实践中从未发生过"（Freud，1937d：262）。

在弗洛伊德看来，由建构开辟的道路应该以病人的回忆结束，但情况并不总是如此。在分析中所能达到的不是恢复被压抑的记忆，而是"对建构的真实性的确信，从而达到与重新获得记忆相同的治疗效果"（Freud，1937d：266）。

把建构传达给病人，也许会激起被压抑材料的"向上的驱力"，使之活跃起来。"这项工作（即治疗工作）包括把历史真相的碎片从扭曲的形式和它对现实的依附中解放出来，并带回它应属的过去。"（Freud，1937d：268）。

然而，正如我已经提到的，在当代临床实践中，弗洛伊德理解和使用建构的方式发生了变化。一方面，历史化的工作对于分析治疗来说是必不可少的，另一方面，建构主要用于没有被表征化的材料，而不是被表征的、被压抑的和被遗忘的材料。

弗洛伊德已经描述过，移情中的现实化作为回忆的替代物。然而，这个想法在《超越快乐原则》的写作之后发生了重要的变化。

在《分析中的建构》中，弗洛伊德声称："分析工作的目的是引导病人放弃早期发展中的压抑（在最广泛的意义上使用这个词），并用一种相应的精神成熟状态的反应来取代它们。"（Freud，1937d：257）今天我们知道，这只是许多心理治疗作用机制中的一种，此外，只有在压抑占主导地位的案例中，这种机制才尤其管用。

然而，在《超越快乐原则》写成之后，除了被压抑的表征之外，知觉符号开始被承认：这些没有被充分象征化的记忆痕迹可能会引发潜在的创伤情境，这些情境不能被附带着记住，只能在移情中重复或表现。正如我们之前说的，其结果是，建构的领域被限制在没有被充分象征化的材料上，以创建一个表征性的领域：目标是加固前意识（preconscious）系统。

通过这种方式，随着精神分析工作领域的巨大扩展，最初是为了寻找被遗忘的过去而进行的建构，已经被视为一种工具，以便在那些未能完成的情况下获得心理的结构。我相信，创伤、没能成为心智化对象的知觉痕迹，以及缺少表征化或象征化工作的领域，正是建构在当前精神分析实践中被更广泛使用的领域。

一些作者提出了建构的具体用途。例如，马鲁科（Marucco，1998）声称，应在分析治疗中使用建构，以解决患者体验到的自恋损伤、被轻视、失望的感觉，这些感觉的重复超出了快乐原则。他还声称，应该用它来解决最初的强迫性重复，这些重复没有和言语表征联系在一起，马鲁科为此创造了一个术语——"无法掌控的记忆痕迹"，即需要被表征的记忆痕迹。正如我们看到的，我们谈到的是缺乏表征的材料，这一点与弗洛伊德的方法不同，后者处理的是被压抑的材料，即受限于表征的材料。

因此，我们应该牢记，弗洛伊德是这样假设的："是否所有的心理构造都真的可以被完全损毁？这是个值得怀疑的问题。"因此，他在《分析中的建构》中提出：

> 对被分析者阐述已被他遗忘的、早年经历的片段。（Freud，1937d：261）
>
> 我们的建构之所以有效，是因为它恢复了被丢失的经验的片段。（Freud，1937d：268）
>
> 我们常常无法成功地引导病人回忆起被压抑的东西。相反，如果正确地进行分析，我们就会从他身上产生一种对建构的真实性的确信，从而达到与重新获得记忆相同的治疗效果。（Freud，1937d：266）

然而，根据德沃斯金（Dvoskin，2007）的观点，弗洛伊德在"鼠人"和"狼人"的案例中提出的建构概念是完全不同的。在鼠人的案例中，建构提供了一个完形（Gestalt），以现有的迹象为起点，允许分析师继续他的解释。相反，在狼人的案例中，建构似乎是为了涵盖某些缺乏表征的要素，因此允许分析者开始解释工作。

在同样的意义上，博莱尔（Borelle，2009）强调，在《分析中的建构》

中，弗洛伊德描述了两种不同的机制：一种是组合机制，它在已经形成的元素上运作，并将它们结合起来；另一种是补充机制，它涉及将缺少的元素包含进来。

基于这些贡献，以及我自己的临床实践，我认为，正如之前所说，在过去的几年里，弗洛伊德的建构概念发生了转变。在目前的精神分析实践中，使用建构作为回忆的替代物，已经在很大程度上被用来表征某些心理痕迹。分析师们不再试图解释那些被压抑和遗忘的，但在心理中仍有表征的元素，这正是弗洛伊德所描述的建构的特点。相反，他们投入到被称为象征性养育（symbolic mothering），或者心智化的任务中（Grassano，2001），基于没有达到象征化并不断重复出现的感知痕迹，最终使创伤成为可能。建构致力于解释这些痕迹。巴黎心身学派在这方面作出了重要贡献。

格林（Green，2003：180）将通往心智化的道路描述为一个链条，它经过身体、驱力、情感（驱力的心理表征）、事物表征、词语表征，最后是基于反思的想法。

在寻找意义和表征的过程中，病人让分析师感受到他无法表征或无法理解的刺激。反过来，分析师提供他的"思维或梦想的装置"，以接受病人的材料，然后借助建构将其返还给病人。

关于我们提到的，在使用建构中的另一个变化，其他作者已经按照它们最初被描述的，主要基于历史化的分析模式对其进行应用了（Hornstein，1993）。

分析治疗中的建构和历史化

弗洛伊德在《分析中的建构》中写道，分析师的任务是"从被留下的痕迹中辨认出被忘记了的东西，或者更准确地说，是建构它"（Freud，1937d：258~259）。对霍恩斯坦（Hornstein，2004）这样的作者来说，这是当今的一种愿望，虽然可能过于理想化，但仍然应该成为我们实践的指南。对于其他作者来说，这只是分析实践的目标之一，甚至不是一个高度优先的目标。

从前述段落可以看出，将"从被留下的痕迹中辨认出被忘记了的东西"作为我们实践的指南，强调了历史化在分析中的作用。

虽然我同意重视历史化在分析中的作用，但我认为，当提出历史化作为分析工作的支点时，就涉及弗洛伊德派建构观的转变。弗洛伊德在其案例历史中所提出的临床实例，为他使用这一技术资源的方式提供了线索。尽管弗洛伊德本人声称他的临床病例可以被视为历史，但我并不认为这些历史等同于更有限的建构概念。事实上，建构是由分析师在合理的条件下做出的，而从移情史中产生的历史则是分析过程的结果，主要涉及病人的自我。

霍恩斯坦（Hornstein，1993）认为，弗洛伊德认为事后（*après coup*）的历史化是分析工作的支点，他写道，为了投入我们称之为现在的无形时间，对过去的不断建构-重构工作是必要的。因此，自我用历史取代了过去的时间，因为为了投入（invest）未来，对已经经历过的东西进行历史化是必要的。因此，根据这些概念，历史化已经被认为既是自我掌管的任务，也是分析师所做的建构。然而，即使在第二种情况下，历史化也涉及弗洛伊德派分析工具的一般化。

从另一个角度看，巴朗热、巴朗热和蒙（Baranger, Baranger, & Mom，1987）在蒙特利尔的国际精神分析协会大会上发表的经典论文中称，是历史使人生病，也是历史使人痊愈。虽然这个说法很贴切，但转变是显而易见的，更有限的、由分析师掌控的（历史的）建构概念（Freud，1937d），转变为另一种情况，即在病人接受分析之前就有一个历史化的过程，然后在分析过程中再与他的分析师一起进行历史化。因此，历史化成为分析实践的支点。

尽管如此，在一个被描述为由现在主导的语境中，在一个记忆凌驾于历史之上的语境中（Hartog，2007），来自世界各地的分析师声称，在当前的分析实践中，建构和一般的历史化已经变得不那么常用，这一事实是可以预期的。

按照柯蒂斯（Curtis，1983）和格里纳克（Greenacre，1975）提出的观

点，加伯德和韦斯特恩（Gabbard & Western，2003）声称："虽然重构仍然有用，但现在对它的强调已经减少了，我们在挖掘埋藏病人过去的旧遗迹上所花的时间也减少了。"根据阿洛（Arlow，1987）和加伯德（Gabbard，1997）的观点，当前分析实践的重点已经成为，分析关系提供对过去对冲突模式和客体关系的影响的洞察。因此，他们恢复了弗洛伊德行动化的最初概念：没有被记住的都被行动化了。

霍恩斯坦（Hornstein，1993）则声称，在他看来，历史在分析工作中并没有发挥重要作用，一般来说，历史往往是普遍化的，而不是个别化的。

从里德（Reed）的角度来看，"关于过去事件的作用及其相对于其他因素在治疗中的次要地位的各种假设影响了这一技术的变化"（Reed，1993：53）。然而，这位作者在我所理解的弗洛伊德模式的延伸中写道：

> 除了确立过去事件的潜意识意义之外，明确地重构幻想和/或记忆可能是必要的，以使病人能够理解他/她是如何为自己组织意义的。我相信这往往是病人对自己用以组织意义的机制的理解，也是对这些事件意义的理解，即治疗上的启发和释放。（Reed，1993：54）

霍恩斯坦和里德都坚持历史真相的重要性。然而，我认为，当里德采用"明确地重构"一词时，她更接近于一种客观的真相，而不是"建构"的理念，尽管后者想要揭示历史真相。

建构与自由联想

我不会撇开弗洛伊德的建议及其基础，我想知道，在这个以哈托格所说的"现在的主导地位"为中心的新模式中，建构可以发挥怎样的作用。

首先，我不认为建构可以致力于恢复被遗忘的过去，因为这是最初的目标。

弗洛伊德已经预见到，敌人不可能在缺席的情况下被击败；移情中的现实化是需要的——然而，这仍然属于一种历史性的制度，在这种制度下，过去决定了现在和未来。

相反，如果我们同意，在我们生活的世界中，现在变得更加重要，那么，在这种新的背景下，建构——一个提供给病人的历史片段——一旦在移情中实现，就不能再仅仅被视为一种回忆的替代。

我们已经提到，当分析师帮助病人象征化"原材料"时，经常使用建构。其他的作者则把"建构"这个术语的使用泛化了，因此，他们认为分析师所做的所有干预，甚至解释，都是建构。

正如我在上面阐述的，我的理解是，如果我们希望保持最初的目标，即解决被表征的、被压抑的和被遗忘的材料，那么建构的使用就不应该局限于解决没有被表征的记忆痕迹。

我同意坎特罗斯（Canteros，2009）的观点，客观真相与历史真相的区别是精神分析的贡献。事实上，精神分析揭示了对事实作客观解释是不可能的，它预见到了许多当代的质疑。此外，通过潜意识和自由联想的概念，精神分析阻止了个体成为有意识的记忆或对其否认的奴隶。

我自己也发现，将移情的发生用于婴儿情境是有用的，在前者的基础上，它作为一种方法，将不断被提到的"此时此刻的移情"抛在后面。即使每个情境在一定程度上都是新的，但当分析治疗中发生某些重复（如极端竞争，或当移情变得情欲化）时，把它们与病人在婴儿期的生活中与他的主要客体发生的某些可能的事件联系起来，有利于修通并为新的联想开辟道路，其中包括在某些情况下恢复那时被遗忘的记忆。

此外，在我自己的实践中，必不可少的身份认同工作，也受益于历史化。自我——一组身份认同——是被抛弃的客体投注的残余，它逐渐将自己的发展历史化。当我们与病人一起以移情重复为起点进行历史化时，这些认同，或者说针对这些认同的反应形态被抛弃了（Baranger，Goldstein，& Zak de Goldstein，1989）。

根据盖尔·里德的观点：

> 以转喻为代表的初级过程组织类型，使明确的重构在治疗上成为必要。因为它们最初只是由时间或空间的接近性决定的，重大事件与其基于连续性表征之间的关系取决于特定的生活经验。(Reed，1993：56)
>
> 当我们明确地重构时，我们帮助病人重新建立他们失去了连续性的关系。(Reed，1993：57)

正如我们看到的，建构不一定局限于修通记忆痕迹，而且还包括修通被压抑的表征。正如里德所言，这个想法是为了"重新启动"自由联想，并最终进入记忆，试图重新建立连续性的关系。

弗洛伊德在《分析中的建构》中写道，分析师"不得不责备自己，因为他不让病人有发言权"（Freud，1937d：262）。坚持自由联想，解释被遗忘的过去的行动化，能够防止分析师使用建议。即使弗洛伊德本人不强调它的重要性，但我们确实知道，建议是一种永远存在的风险，会增加病人和分析师的阻抗。

最后，回顾一下弗洛伊德在《精神分析纲要》中最后提出的内容是很有用的。"所有这些材料帮助我们对发生在他（即患者）身上的事情进行建构，对那些被遗忘的，以及现在发生在他身上但他还不能理解的事情进行建构。"（Freud，1940a［1938］：177～178）用这样的方式，他引入了建构的另一个目标，即说出现在——"现在在他身上发生的事情"——而不是过去。如果我们再加上"现在在他身上发生的事情"和外面正在发生的事情之间的联系，我相信这个说法预见了当代发展的一个好的部分，它强调了移情的存在、重复的方面，以及在其中发生的新事件。但这些发展不会贬低"对过去的反思"的重要性（Freud，1940a［1938］：176）。

总结

本文介绍了精神分析实践中记忆、历史、建构和历史化等概念之间的联系和区别。

尽管我认为求助于历史是有用的，并且我也在自己的分析工作中使用它，但我仍然希望讨论一种可能性，即在我们这个时代的文化中，历史已经失去了它的一些重要性，在分析的过程中也是如此。我们现在所处的，是一个现在比过去和未来更占主导地位的历史性体制的背景。这是来自世界不同地区的其他当代作者所认同的观点。

相反，记忆通过回忆和移情的重复和实现，被认为是必不可少的。神经科学的贡献可能会强化这种方法，而那些来自不同精神分析背景的作者，如加伯德和韦斯特恩、霍恩斯坦和里德，尽管他们有不同之处，但都解释了我们上面讨论的对历史的重视程度降低的情况。我们还应该记住，弗洛伊德本人提出使用建构来解决"现在在他（即病人）身上发生的事情"，而不仅仅是他的过去（Freud，1940a［1938］）。

我已经描述了弗洛伊德最初提出的"建构"概念的变化。最初，建构是用来处理被压抑和被遗忘的材料，而今天，建构常常用来处理没有被表征的痕迹。另一方面，建构与解释一起，曾是分析师最基本的干预手段之一，但现在已经让位于被称为历史化的工作。这项工作与分析师一起管控病人的自我，许多分析师认为这对分析治疗至关重要。

此外，我还强调了建构的有效性，以及在移情变异的背景下，诉诸历史化的有效性，也就是说，为了打破与分析师之间的想象移情的僵局，"重新启动"自由联想，从而促进身份认同的过程。

创造性建构

米歇尔·伯特兰❶（Michèle Bertrand）

我写作本文的目的是证明创造性建构（creative construction）在分析中的有效性。

从弗洛伊德时代开始，就需要将创造性建构与通常被称为"建构"或"重构"的技术区分开来（Bertrand，2008）。

在讨论建构与重构主题之前，值得回顾的是，分析主要是关于解构的。在分析（analysis）的词源中就有 *analuein*，即解开、撤消，从整体中分离出各个部分。

分析是从解构梦和症状的形成开始的。最初的目的不是要建构某种东西，比如意义、叙事或者一个病人的病史，而是要解开包装得太整齐的叙述，消除防御和自动神秘化的部分，并揭露那些被掩盖的、模糊不清的、在意识不可及之处的东西。但是，随着治疗的进行，精神分析师的确会为他自己，可能也为被分析者，做出某些建构。

在某种意义上，可以说解释是一种建构（Ferruta，2002）；例如，当它把病人的情感与一种在分析早期表达的被抛弃感联系起来时，这种"重新连接"的做法是建构的一种有限的形式。它使被分析者能够建立以前从未被承认的连接，发现迄今为止仍保持在潜意识中的愿望和幻想。但是，从更具体

---

❶ 米歇尔·伯特兰是巴黎社会精神分析协会的成员，也是一名培训分析师；他是哲学博士、心理学博士和政治研究所硕士（巴黎），现任贝桑松大学和诺曼底高等学院（巴黎）教授。她的研究包括临床和理论领域：创伤、自恋、认同、精神分析的理论和认识论，自 1996 年以来，她一直是《精神分析杂志》的编辑，也是《理论空间》（*Espaces théoriques*）论文集的主编。

的意义上讲，建构是一个更加宏大的目标。将分析过程中揭示出的各种要素汇总在一起，在一个戏剧性的场景中概括了病人心理构成的独特特征。

我更喜欢在这个概括的过程中保留"建构"一词。我同意皮耶拉·奥拉涅尔（Piera Aulagnier，1983）的观点，即建构揭示了一种结构，而解释则着重强调了心理运作的方式。

正如我刚才描述的，建构基于被分析者的语言、行为、症状、性格特征，等等。从本质上讲，它是一种概括，是一种使被分析者的心理结构成形的方式。它不要求追溯一系列历史事件，但它的作用是概述病人心理构成的方式。这种类型的建构对于分析师和病人显然都是非常有用的。

概括性的建构

弗洛伊德在《婴儿期神经症的历史》（*From the History of an Infantile Neurosis*）（Freud，1918b）中定义了这种模式，在该文中他首次使用了建构（或重构）这一术语。

这篇文章谈到了建构，而不是重新发现（rediscovering），是一条将某些症状与揭示出来的早期创伤事件的重复联系在一起的金线。

对"狼人"的分析首次明确地使用了"建构"一词，揭示了这一现象的鲜明特征。

建构概述了一部分由症状揭示出的，导致了狼人心理结构的东西。在这个建构中包含了各种构成元素：

- 移情替代：病人转向弗洛伊德，带着恳求的目光，同时瞥了一眼时钟（故事中的第七只小山羊正躲藏在那里），仿佛在说"求求你，狼先生，不要吃我"，同时四处寻找一条逃跑的路线；

- 过去或现在的症状：对站立的狼的恐惧症，对从后面看到的蹲着的女人的强迫性欲望，唤起了清洗地板的女仆［引发性交（coitus a tergo），以及病人的肛门情欲（anal eroticism）]；

● 遗忘的片段：当他18个月大的时候，他的父母因他发烧而将他留在卧室。弗洛伊德从该病人童年时期下午发作的抑郁症中推断出这一场景，在下午5点（假设是父母的性交时间）达到高峰。

弗洛伊德从回忆、症状、梦、性格特征（以及其中的变化）的各种要素详细阐述了（也许有人说是虚构了）这一建构：

小时候，他曾经历过父亲对性满足的渴望，他的理解是，这意味着阉割，导致了对父亲的恐惧，并被对狼的恐惧取代。

正如这个例子显示的，建构是一种将被分析者心理结构与复杂的场景联系起来的尝试。如果以本文开头所述的更宽泛的含义来理解建构，则建构与重构之间的区别就不再是有意义的。

创造性建构

然而，在另一种方式中，建构被用于无法获得的主观体验。当无法记忆时会发生什么？如果分析指向生命早期，那么在无法进行提取的情况下，心理事件痕迹所必需的建构与通常意义上的建构有所不同，因为它利用了反移情要素。

最近对建构概念的关注，涉及用于非神经症性症状的治疗方法。

很明显，人们对这些概念——以及对它们的意义或有效性提出的问题的重新关注，与理论-临床辩论的重新兴起有关，尤其是非神经症性症状或结构已经成为精神分析师日常工作的一部分（Brusset，2005a，2005b）。辩论的重点是分析过程的性质、治疗过程中历史和时间的建构、分析框架下获得象征化的可能性。在这一背景下，建构的概念是什么？它与解释有何区别？

弗洛伊德的《分析中的建构》包含了前所未有的部分：他指的是无法回忆的主观经验，且无法将其提取出来。

这种不可能不能归因于压抑。因此，这个案例并不是持续存在于当下的创伤状态，而是产生了巨大的焦虑，例如弗洛伊德在1920年后发现的。因为在这种情况下，由于淹没性的情绪，当下缺乏的并不是表征的能力，而是建立联系和暂时替换创伤事件的能力（Bertrand，1990；Ferenczi，1931）。

1937年文本中描述的主观经验是另一种情况。这些非典型症状（在任何案例中，都是非神经症性症状）是幻觉、精神错乱以及身份认同困难。

文本中提到的"历史真相"是指从未真正体验为属于自己的主观体验。这怎么可能呢？有时，一种体验实在令人无法忍受，以至于主体无法将其整合为正在发生的事情（Bertrand，2004）。他从自我中退出（Winnicott，1975）；心理现实的整个部分被分裂，并被排除在自我之外（Ferenczi，1933）。结果，这种体验无法被经历。

然而它确实发生了，非神经症性症状——幻觉、精神错乱以及身份认同困难——转弯抹角地提供了"历史真相的碎片"，它不是由事件本身建构的，而是通过被分裂的事件的变形或扭曲建构的。

还有其他迹象存在：与事件本身无关，而与外围细节有关的非常清晰生动的印象的出现。生动的印象——是一种感性的烙印，而不是一种感知或表征——是主观体验真实性的指标。分析中很久以前的感觉印象的恢复发生在深度退行中。心理现实不仅由幻想，而且还由图像、内部和外部知觉以及源于身体感觉的情感组成。

《分析中的建构》以及《摩西和一神论》中的"历史真相"也涉及原始灾难留下的痕迹。

它指的是原始的创伤，以及深不可测的痛苦和绝望（Winnicott）。我们面临着这个悖论：为了生存，自我隔离了自己的一部分心理生活。心理围绕被排斥的部分进行了重组，以保护自己免受被隔离的部分重新融入自我。费伦齐（Ferenczi，1931）描述了在（心理的，有时是身体的）剧痛状态与唤醒状态之间交替的病人，在这种状态的重构中，他们了解一切，但什么也感觉不到，或者感觉到的非常少。

引用的文章提到了最初的创伤，这些创伤发生在生命的最初几年。但原始创伤可能会在稍后发生，包括酷刑或种族灭绝。

人们必须熟悉非神经症性移情的特点：激情和退缩交替出现、强迫性重复、分裂，通过投射逃避责任。

分裂是这种结构的一个核心要素。被分裂部分的内容无法进行任何形式的心理表征，因为主体无法意识到自己的矛盾。

在神经症的情况下，这种无觉察与压抑、避免毁灭和"宁愿不知道"联系在一起。解释——在适当的时刻——可以帮助消除这种无觉察；但在分裂的情况下，这是不可能的。分裂的悖论是，自我的一部分同时在自我之外。主体无法了解自身的矛盾：即使经过明智的解释，也无法将它们表达给主体。矛盾仅对其他人可见。而且，如果主体没有意识到自己是他人不适或惊讶的一部分（或原因），那么正如纪尧姆（Guillaumin，1998：100）所说的那样，主体的自我依然是无动于衷和无法被触动的。另一方面，如果他人的不适或惊讶确实在主体的自我中被指出，则可能引发失调；即使不是一种精确的表征，那么至少也意识到分裂之前的情绪，表现为认同的痛苦，这既可能是轻微的（一种不可思议的陌生感），也可能是严重的（去个性化和混乱）。

因此，其风险在于，精神分析师会采取一种符合病人分裂的反移情态度，通过仅与那个分裂的部分进行互动的方式，成为分裂的同谋。

分裂与行动化密不可分，正如纪尧姆再次指出的那样（Guillaumin，1998：105），分裂的规则是互动性。在这里，我们处理的不是释放出来的瞬时行为，例如我们对神经症性结构的发现，而是处理"特定的关系性行为，通过指向外在环境的强迫性行为，带来反移情的行为后果"。然后，分析师要么被迫成为分裂的同谋以避免被分裂，要么被认为无法思考，并且对这种情况的本质感到气愤。

这就是为什么分析师必须对自己的反移情进行工作，创造性的建构就是这种努力的结果。

建构与反移情

反移情不仅意味着分析师的情感,而且更普遍地说,是指在分析情境中分析师内在的潜意识活动。如何识别这些活动?这不仅通过情感,还有感官印象、自动浮现在脑海中的图像、分析师想要见诸行动的欲望,或陷入双重束缚的体验。

现在,由于分裂或投射性认同而被排除的部分又通过逆转的方式回到移情中,因此必须进行建构。同时,分析师可以在被分析者的退行中进行建构(Botella & Botella,2001)。

抵御崩溃风险的防御措施之一,或者更确切地说是保护措施,就是激情。激情选出一个完整或部分客体,成为主体唯一的依附对象,并围绕它重新组织对世界的理解;这是一个独特而不可替代的客体,既吸引了自我,又疏远了自我(Green,1986)。

玛丽的案例说明了在分析中需要对反移情进行建构的时刻。我只描述转变的时刻,而不是之前 5 年的艰难工作。

玛丽是个年轻的女人,她因为个人和职业生活缺乏成就感,而向我寻求帮助。

在第一次访谈中,她突然想到:"我从没有母亲,或者说,我有母亲,但她不是一个合格的母亲。她从来没有照顾过我和我的弟弟。她从不把我们抱在怀里,也从未与我们进行过任何身体接触,她不知道拥抱一个人,温柔地抚摸一个人意味着什么。哦,她当然喂养我们——甚至做得很好——但这只是她所扮演的角色。她没有能力给予爱,只能给予食物。即使我不想吃,她也会强迫我吃。"(我随后得知她在六七岁时曾有过一次厌食症发作。)

在最初的几年里,玛丽主要谈了与母亲的关系。她所说的关于母亲的事情表达了一种强烈的怨恨,但她却没有表现出任何觉察,好像在说一连串令她难以理解的事实。这可能是一种自恋的防御机制,一种情感的疏离。她把父亲描述为一个软弱的人，顺从母亲。她谈到母亲是一位缺乏能力，没有爱心，也没有给自己空间的母亲。她会说"你闭嘴、停止游戏、别乱动"，因为这会使她感到疲倦或生病。每当她试图与母亲亲近时，她都会被推开，而当她为某件事感到不高兴时，她必须阻止自己哭泣，否则她会被打耳光。因此她学会了抑制自己的感情。没有眼泪、没有愤怒、没有温柔——这些都不被允许。

她的说话方式让我有些惊讶。她倾向于用回旋迂回的语气。比起直言自己的想法或感受，她更倾向于说"就像……"或"与……有关"——仿佛人称代词"我"是不发音的，与想要表达的确切含义保持一定距离，而用模糊的婉转曲折的说法代替。

有一天，发生了一件对病人造成强烈影响的事情，以至于在访谈期间她表现出了她的情绪，并表达了愤怒。她的弟弟打电话告诉她，他们的父母要永久地回到原籍国。首先，她对从弟弟这里听到消息感到生气。他们（她在法语中使用了法语的非人称代词"on"）没有告诉她这个决定。对她而言，这是一个很大的情绪困扰，她显然很生气。

不久之后，分析突然发生了变化。在那之前，玛丽一直滔滔不绝地说着，她突然停止说话，保持沉默。起初，我等待她再次开口。然后，随着沉默的时间越来越长，我偶尔会通过问"嗯？"或问她是否在想什么来进行干预。"不"，她回答说，她什么也没想，但她再次保持沉默。很多时候，她会投入一般性的思考，将一切理论化和理智化。当我保持沉默时，她抱怨说分析很空洞，没有任何想法进入她的脑海，我可以看出这是一种责备。但是，每当我加入时，我的恳求都会换来冰冷的沉默。

有时候她会哭；她会呆坐在沙发上，擦着眼泪擤鼻子，当我试图询问原因时，她会回答："我好痛。"我问："怎么了？"她会回答："我不知道。"有时甚至是"什么都不知道！"带有被激惹或愤怒的意味。我尽我所能去解释她的负向移情，但一无所获。

当用尽我的解释性资源后，我感觉自己已经弹尽粮绝，并且对这一切感到明显的厌倦。从那时起，我开始反思自己的反移情。我想也许是她感到自己弹尽粮绝,那是她的被割裂的一部分,她将这个部分丢出来,并且从我这里诱发出这个部分(通过逆转)。我假设了以下的建构:也许玛丽在经历了痛苦和遗弃之后,曾遭受过最初的抑郁,这种感觉可能会因为她父母返回祖国而被重新燃起。

于是,她把我放在了原始母亲的移情位置,而我的沉默令她重回痛苦和被遗弃的状态。我是一个糟糕的母亲,无法直视孩子的问题,也无法为她提供任何安慰。我决定采用投射防御的解释,并问她:"也许你在生我的气?也许我做了些伤害你的事情?"

为什么我要承担由病人分配的母亲的角色?费伦齐阐明了一种否认的感觉,这种感觉可以通过解释来传达,诸如"你有这样的印象""你这么想"等。她逐渐平静下来,说:"有时候我会觉得我使你厌烦,我能听到你呼吸的变化,我相信你想睡觉。"

经过这种解释,分析过程再次启动,以大量的梦境为标志。

她去了她的声乐老师家,那里有一张放着水果和蔬菜的大桌子。老师是一位穿着防弹背心的女人。玛丽拿起一个圆面包,它很美味:是微甜的(乳房)。然后她突然发现那是别人的面包。

在这个梦中,她几乎做不出任何自由联想。她告诉我,摆在桌上的水果和蔬菜是她最喜欢的那种。

我提供了一个解释:"水果、面包……它们是食物:也许这就是你想从我这里寻找的,以语言的形式表达出来的东西?"

在下一次分析中,她谈到了与名叫伯特兰的医生发生了冲突。

我提出:"也许您也在与我发生冲突?——毕竟,我也叫这个名字……"

她回答:"我不觉得我和你有冲突。和你在一起的时候,我怕惹恼你。和你在一起就像和妈妈在一起。我恐怕找不到建立关系的钥匙。我的印象是碰到了我无法穿透的表面。"

我:"是因为防弹背心?"

她开始哭泣。

没有建立关系的钥匙，无法超越表面的关系：这是她试图从我身上获得控制的失败。因此，她对和我同名的医生感到烦恼和愤怒。同时，没有与母亲关系的钥匙意味着不知道如何在情感上接近她，也不知道如何接受她的爱意。渐渐地，母亲的形象，从一开始就是消极的，变得更加复杂，更加矛盾。病人认识到她母亲因疾病和被虐待而受苦；而她就像以前一样，从"缓和的情况"中获益。

暑假即将来临时，她正在出声地思考时间的流逝，以及如何感觉不到时间的流逝等。我的解释是："这与我们所说的假期时间有关吗？"

她回答说："二月份，当您进行手术（一次良性的足部手术）时，我很担心，但再也不会了。我们九月再见。"

在接下来的分析中，我想到两件事：

首先，一条俄狄浦斯线索开始呈现：与弟弟的竞争，幻想中父亲的诱惑。

其次，在她建构的连续叙事中，母亲意象（*imago*）不断发生变化。玛丽开始寻找有关母亲态度的解释，试图寻找其意义。她的母亲流产了，也许她很沮丧。

她建构了一个母亲的形象，这个母亲能够给予一些东西、传递一些东西。例如，她回忆起一枚曾经属于祖母的戒指，这枚戒指在她15岁时就传给了她。与母亲的关系中出现了快乐的元素。有一天，外面下着雨，她说她喜欢下雨的声音，就像一首柔和而持久的歌。在这个古老的国家，一次可能下十天雨。

她还叙述了母亲对乱伦禁忌的介入：那时玛丽已经13岁了，但她仍坐在父亲的膝盖上。因此母亲说："下来，你现在太大了。"她给了父亲一个表情，使他再也没有让女儿这样做过。

她唤起了与母亲相似的关于乱伦的想法，同时又能保护自己不受伤害。例如，她回忆起母亲准备与女儿一起洗澡——这很恶心，水很脏；但是她还记得有一天，她因受到惩罚而不开心，母亲为她洗了一次澡，"我认为那是一种安慰"，她说。因此，她的母亲有能力倾听孩子的痛苦，并提供"安慰之类的东西"。

有一天,她沉默了很长一段时间,然后告诉我,当我沉默时她是多么痛苦。然后她提到,当她进来时,她在我桌子上的一个单柄花瓶中看到了一朵白玫瑰,这使她想起了一首很老的歌,叫《白玫瑰》(*Les rose blanches*),这首歌是关于一个孩子的,他每周都会去医院看望母亲,最后一次是在母亲的坟墓前送给她白玫瑰。这里有些模棱两可:也许我是死去的母亲,或者也许是她在我不说话时觉得自己快死了。

我问:"难道你没有想过,即使我沉默,我仍然活着,并在听你说话吗?"

这时,她哭了起来,说:"我怎么会对我的母亲如此怨恨呢?"

我:"也许是因为你对她的期望很高。"

玛丽:"我不知道我小时候的事,但后来,是的,我想得到我母亲的承认,我想让她爱我,最重要的是,我想让她这么说!"

充满激情的怨恨是防止崩溃的一种保护。对移情的激情意味着一个分裂的部分又回到了自我当中(Roussillon,1990)。

是什么使主体强烈的爱变成了强烈的恨?也许在某个时刻,主体感到绝望,他放弃了客体有一天能再次变"好"的所有希望。怨恨是主体尽其所能仍无力重新获得客体的标志,它使主体的痛苦胜利变得神圣:能够在没有客体的情况下完成任务,展现出自恋的完整性。但这不过是一种展现,因为该客体并未消失在主体的视野中;它只是变成了一个完全的坏客体。从某种心理的意义上讲,怨恨使主体能够生存。

痛苦的情感已经被分裂了。当它被内射(introjected),并且强烈地出现在分析中时,它充满了创伤。这些所有的痛苦必须被承认,而这只能在分析中发生。当我能够接受(在第一种解释中所描述的)她在移情中分配给我的位置——一个既不给予爱也不给予关注,因而引起痛苦的母亲时,分析就开始畅通无阻了。

最早的被动性与对客体的依赖联系在一起。在死去母亲的形象中（Green，1980），客体丧失的感觉与客体的实际丧失或消失无关，而是与客体在场的情况下，感受到的爱的丧失有关。缺失的不是母亲客体，而是成为她快乐源泉的那种感觉。

在这种情况下，任何后续解决办法的先决条件是，即使在困苦中也会被爱。我相信玛丽就是这样理解我对白玫瑰的解释："即使我沉默，我仍然活着，并在听你说话。"

建构与真相

这个建构是真的吗？我们不得而知。这真的重要吗？不。重要的是我所说的"有用"，我的意思是说被分析者应该能够使用该建构，然后一旦传达，就会产生动力性的效果，例如找回"被遗忘"的记忆或洞察、放弃某些防御，或进行任何其他改变。这种建构的真相在哪里？

我们必须区分有效的真相和建构中的真相。

弗洛伊德本人对建构的"真相"持审慎的态度："我们不声称建构具有权威性，也不要求病人直接同意，如果病人从一开始就否认它，我们也不会与他争论。"（Freud，1937d：265）建构仅基于一种可能性。如果被分析者能够内射自我分裂的部分，它可能会被追溯揭示为真相。

自我的这些分裂部分的内射可能是一个创伤的时刻，并且可能采取灾难性的形式。分析师必须为此做好准备，并且必须在这个关键时期为病人提供支持。被分析者要成功地走过创伤，设置的稳定、分析师直面体验的能力、分析师心理的坚强程度至关重要。

这里所寻求的不是建构的真相，而是心理体验的真相——或者更准确地说，是心理体验的现实。在这里，一个重要的概念开始发挥作用：坚信（conviction）。坚信与移情中偶尔引起的说服有很大不同。

坚信源于经历过的现实感（Ferenczi，1913），它暗示了主观经验的现实性。对于费伦齐来说（Ferenczi，1926），坚信永远无法通过理智来实现，这是自我（ego）的功能。在分析中，当退行被重新激活时，它会在移情-反移情中产生一种"有效的现实感"，对现实的坚信由此产生。而这可能是由分析师的建构创造的。

无法被提取的心理事件的痕迹必定需要进行建构，这与通常意义上的建构不同：它更多地利用了反移情（Denis，2006）。

精神分析师可以吸收并充当宿主，体验病人无法结构化传递的信息，而只能通过投射性认同诱发分析师感受的体验。这意味着使自己能够为病人具身（embody），一种不仅未知而且未定义的角色，只有当有人将其见诸行动时，这种角色才能产生形式和意义（Ferro，2006）。

暴力冲动往往不受解释的影响。因此，分析工作的目的是鼓励将其转化为表征，以便随后可以对其进行解释。与病人分享经验，接近病人——这些都是分析的条件，使解释成为可能。

建构的过去与现在

霍华德·B. 莱文❶（Howard B. Levine）

过去

重温 70 多年前写的一篇经典论文，给读者带来了一系列独特的问题和机会。例如，人们可以从写这篇文章的背景出发，试图辨别它对作者及其最初的读者意味着什么。对于《分析中的建构》来说，这可能意味着对弗洛伊德治疗理论的重要修正。在 1937 年之前，弗洛伊德认为，由于神经症与压抑及儿童失忆症有着千丝万缕的联系，所以恢复被压抑的记忆是精神分析治疗的必要内容。在《分析中的建构》中，他再次提到了这种联系，他说：

> 我们所寻找的是被病人遗忘的岁月的图景，它是值得信赖的，也是包括了所有重要方面的完整图景。（Freud，1937d：259）

为了得到这种图景，必须进行分析工作。对分析师来说，这尤其意味着：

---

❶ 霍华德·B. 莱文是麻省精神分析研究所（Massachusetts Institute for Psychoanalysis，MIP）的教师和督导分析师，也是东新英格兰精神分析学院（Psychoanalytic Institute of New England，East；PINE）的教师，并在马萨诸塞州布鲁克林私人诊所工作。他是美国精神分析协会和 IPA 的成员，也是 MIP 克莱因/比昂研究组、精神分析过程研究组和波士顿精神分析研究组的创始成员。2010 年 7 月，他参与主持了在马萨诸塞州波士顿举行的国际比昂会议。他曾在《美国精神分析协会杂志》和《精神分析研究杂志》（*Psychoanalytic Inquiry*）编委会任职，曾担任《国际精神分析杂志》的社论读者，并编辑了《成人分析和儿童性虐待》（*Adult Analysis and Childhood Sexual Abuse*，1990），参与编辑了《核威胁的心理学》（*The Psychology of the Nuclear Threat*，1986）。他撰写了许多论文，涉及精神分析过程和技术、主体间性、原始人格障碍的治疗以及早期创伤和儿童性虐待的后果和治疗。

……引导病人放弃早期发展中的压抑（在最广泛的意义上使用这个词），并用一种相应的精神成熟状态的反应来取代它们。因此，病人必须被引导去回忆某些经验和情感，以及这些经历所唤起的（原文如此）、被他遗忘了的情感冲动。我们知道，他目前的症状和阻滞正是由这种压抑造成的——因此，它们是那些已被忘记的东西的替代品。（Freud, 1937d: 257~258）

弗洛伊德（Freud, 1914g）已经明确指出，在分析中，被压抑的记忆很容易在移情过程中重复出现（即作为行动：*agieren*），分析师必须向病人解释这些记忆的起源和意义，以促进后者的回忆。这些解释要采取个体在成长中熟悉的形式（Freud, 1909d, 1918b [1914]）。

你一直认为自己是母亲唯一的、没有任何限制的拥有者，直到那年，另一个孩子出生，这给你带来了严重的幻灭感；你的母亲离开了一段时间，甚至在她再次出现之后，她也不再像从前那样全心全意地爱着你。你对母亲的感觉变得矛盾起来，而父亲对于你而言，有了新的重要性。（Freud, 1937d: 261）

这些解释，或更正确地说是"建构"，旨在从意识的一边"架起通往压抑的桥梁"（Chianese, 2007: 48）。他们为病人提供了一个可信的、更有效能的因果关系的叙述性理解，包括他们的早期生活、情感发展，以及与当前心理状况的关系，希望这能促进之前被压抑记忆的恢复。弗洛伊德早在1909年就明确指出，恢复被压抑的记忆，而不是分析师的建构本身，才是分析的最终目的：

像这样的讨论（即建构、起源性解释）的目的从来不是创造一种确信，而只是为了使被压抑的情结进入意识，使冲突在有意识的心理活动领域中发

生,并促进新的材料出现在意识中。(Freud,1909d:181)

虽然这种治疗作用的观点仍然是弗洛伊德思想的核心,但一生的临床经验告诉他,这不是改变的唯一途径。到1937年,他已经认识到,即使有了建构的帮助,通过解除压抑来进行回忆也不是在每一个案例中都能实现的。

从分析师的建构出发的这条道路应该在病人的回忆中结束,但它并不总能走得那么远。我们常常无法成功地引导病人回忆起被压抑的东西。相反,如果正确地进行分析,我们就会从他身上产生一种对建构的真实性的确信,从而达到与重新获得记忆相同的治疗效果。(Freud,1937d:265~266)

据推测,某些形成性经验要么太早(前言语),要么太有创伤性(《超越快乐原则》——Freud,1920g),要么因太过强烈的防御而无法回忆。因此,在某些情况下,治疗的进展将不得不依赖于分析师对病人过去某个遥远时间点上所发生的事情的推测。这种建构不是促进病人自己的记忆,而是要代替和服务于对以前被压抑的记忆的回忆,发挥同样的动态功能。澄清这一来之不易的发现是1937年论文存在的理由(raison d'être)。弗洛伊德修正了他早先的观点,现在承认有时分析别无选择,只能在病人的头脑中"创造一种确信",相信在遥远的过去可能或一定发生过什么。

弗洛伊德以直截了当和自信的方式宣布了这一理论上的变化,但他随后的言论却暴露了一个更具试探性的立场:

问题是,在什么情况下会出现这种情况(即在没有回忆的情况下,在病人的头脑中产生一种确信),以及看起来不完整的替代物如何可能产生完整的结果——所有这些问题都还有待研究。(Freud,1937d:266)

有必要将更明确的解释推迟到"之后的研究"中,这意味着这个问题在弗洛伊德的头脑中还没有完全想清楚。他是否对自己提出的论题心存疑虑或不确信？

除非有人认为解释是客观的、权威的推论或"发现"，否则建构只是分析者的猜想（conjecture），因此，建构一方面取决于一定程度的试探性假设（supposition），另一方面取决于对其正确的可能性的确信（conviction）。但是，"猜想""假设"和"确信"毕竟是和其他心理状态一样的心理状态，因此容易受到所有常见的潜意识力量的影响。正如布里顿和斯坦纳（Britton & Steiner，1994：1070）指出的，"一种观察在当时可能对分析师，甚至可能对病人来说是令人信服的，但往往是不准确的，甚至有时是错误的"。一些病人——甚至是分析师——可能会高估、寻求并坚持将翻译、建构和解释"作为寻求安全感而不是……探究的手段"（Britton & Steiner，1994：1077）。因此，"选定的事实"与"高估的想法"之间的区别往往是复杂而难以辨别的。

弗洛伊德留给我们的是一种不完整的解释，仔细研究后，这种解释似乎越来越脆弱和不确定：分析师形成一种猜想，并在信任的基础上，以建构的形式把这种猜想传达给病人，然后病人接受这种猜想为"真相"或至少是可信的。一旦被接受，这个建构就可能被病人确信，从此在病人的心理中动态地运作，就像它是一个对历史的准确回忆一样。

尽管这个过程蕴含着不确信性——或者我们应该推测，也许正是因为它的不确信性——弗洛伊德得出结论：

> 如果正确地进行分析，我们就会从他（病人）身上产生一种对建构的真实性的确信，从而达到与重新获得记忆相同的治疗效果。（Freud，1937d：266）

这种对弗洛伊德临床观察的诚实描述，无意中把我们引向了一个双重的确信问题——分析师的确信问题，和病人的确信问题。它不得不使反移情、暗示和顺从的幽灵复活。在弗洛伊德写《分析中的建构》时，这些问题是否也在他的脑海中？也许它们是他从匿名批评家的故事开始写作的原因，他把对潜意识的解释比作"正面我赢，反面你输"的游戏（Freud，1937d：257），或者，当他回到分析师作为考古学家这一熟悉的比喻时，他认为是分析师具有决定性的优势：

> 这两项工作的过程（即考古学的重建和精神分析的重构）实际上是相同的，但分析师是在更好的条件下工作，并且掌握了更多有帮助的材料——因为分析师处理的不是被毁坏的某个东西，而是仍然活着的人。（Freud，1937d：259）

后一种说法无疑是指 1914 年的重要见解，即移情重复作为重新找回被压抑部分的机会，是通往回忆的潜在前兆或途径，也是过去在现在重新鲜活起来的手段。但他为什么坚持认为容易被误导的是考古学家而不是分析师呢？弗洛伊德是不是断言得太多了？后来，当他觉得有义务连续三次否定建议的可能性时，又为何如此？

> 分析师因建议、说服病人接受分析师相信但病人不应相信的事而带领病人误入歧途的危险，确实被过分地夸大了。（Freud，1937d：262）
>
> ……即使我们曾犯过错误，将错误的建构作为可能的历史真相提供给病人，也是不会造成伤害的。（Freud，1937d：261）
>
> ……这种对"建议"的滥用在我个人的实践中从未发生过。（Freud，1937d：262）❶

即使弗洛伊德告诫我们，只有根据随后的联想和发展，才能随着时间的

---

❶ 与最后一种说法相比，不妨回顾一下狼人对弗洛伊德关于狼梦的著名解释的评价："在我的故事里，梦能解释什么？在我看来，什么都没有。弗洛伊德把一切都追溯到他从梦中导出的原始场景。但那个场景并没有在梦中出现……梦中那个窗户打开，狼群坐在那里的场景，以及他的解释……这是非常牵强的……那原始的场景不过是一种构思……"（Obholzer，1982：5～6）

推移来评价建构的有效性（不论病人同意还是否认），我们也可能感到不安。分析师们并不总能就是什么构成了过程的"前行"或"深化"达成统一，也不一致认为分析过程中的某一序列在多大程度上应被认为是"有用的"或"进步的"。虽然这些说法往往是基于干预后出现的新材料——例如，情感的转变、旁观者、梦境、更公开的移情表现、行为、消极的治疗反应，等等——但它们在任何特定情况下的价值可能仍有争议。因此，一个历史性猜想的真实价值，当以其对分析过程的效用来衡量时，可能仍然存在疑问。此外，如果我们对真实价值的衡量要依赖于分析效用，那么必须认识到，由随后的分析过程衡量的"有价值"的东西，并不总是与历史真相等同。

那么，弗洛伊德在1937年得出的结论仍然是慎重的，这是值得称赞的：

> 我们承认单一的建构可能只是一个猜想，还有待于被检验、被确认，甚至可能被否定。我们不声称建构具有权威性……随着未来的发展，一切都会清楚的。(Freud，1937d：265)

现在

自弗洛伊德在1937年对他的最初表述提出修正以来，已经过去了70多年。随后的发展已经发生了。回顾过去，我们可以认识到修正后的描述对一些病人来说是正确的。然而，正如他自己承认的那样，他只能提供一个不完整的基本动力图景。他的讨论未能充分考虑反移情和暗示（suggestion）的可能影响，及其不可避免的另一面——服从。因为他摒弃或弱化了潜意识的、防御性的动机在每位参与者信念发展中的作用。

现在的读者只需要记住二十世纪八十年代和九十年代由"错误记忆综合征"引起的争论，就可以认识到，确信的建立不仅是因为所提供的建构与被压抑的历史真相一致。确信还可能满足了分析性二元关系中某一方潜意识防御的需要，或者发生在通过移情传达建议的情况中，分析师的确信可能会引出病人的确信，不是基于真相价值的解释，而是基于病人对分析师个人及其确信的态度。

费尔德曼（Feldman，2009）最近对分析中确信问题的评论提出了一个警示性的观点，它强调了另一个方面，即分析师的确信是多么脆弱和短暂。顺利进行的分析过程中隐含着一种不可避免的编排，即从分析师的无知到假定的知晓，再到确信，然后循环往复。朝向确信的变化会减少分析师的紧张感，就像交响乐回到主和弦缓解了听众的紧张感一样。这个过程伴随着解释的提出，并以解释的提出为标志，如果把解释交给病人，迟早会破坏现状的稳定，并再次把分析师引向不确定、困惑和不知道的焦虑。面对后者，分析师可能会被诱惑着——虚假地——坚持最后取得的确信，因此，曾经的"被选定的事实"现在变成了"被高估的想法"，因为"真实"或"有用"的见解变成了防御性的，也就是变成了消极意义上的反移情，并被紧紧抓住，作为不确定和不知道引起的焦虑的解药。

这种从不确定→确信→不确定等的变化是分析工作的自然组成部分，就像不可避免地暴露在长时间的不确定、不知道以及可能伴随着的不适一样。关于后者，不管分析师的理解有什么其他作用，基于信念和确信的理解将始终作为分析师的减少压力的一种稳定的方法。这是分析中不可避免的事实，它将解释的起源与反移情的变迁联系在一起。

此外，必须认识到，有时迷茫和不确定是分析师"正确"或"共情"的位置。也就是说，分析师的无知或困惑可能会将一个互补的反移情位置现实化，这个位置代表着病人的核心内部客体关系，例如，不能帮助或理解病人困惑和混乱的父母；或将一个一致的反移情位置现实化，这个位置代表着病人的自我体验，例如，需要父母涵容的无助、困惑的自我（Racker，1957）。在这种情况下，分析师过于迅速地通过"理解"和"赋予意义"来消除这种困惑，可能会导致涵容的失败❶，或者阻碍分析师"进入移情"

---

❶ 关于未被心智化的经验，玛崔尼（Mitrani，1995：105）曾雄辩地写道："如果我们不允许病人充分地接触我们，或允许我们充分地浸泡在这些无意义的经验当中；如果我们过快地运用我们的理论，通过解释使未知变成已知，试图避免或过于刻意地回避病人经验的活现（enactment），那么，我们就有可能陷入令我们的病人对这些经验缺乏足够涵容（containment）的风险，使他们退回使用已经建立起来的、内部的自动化回路（即自闭），甚至将生理功能或器官系统转化（或扭曲）为躯体容器。"

（Mitrani，2001），以及被不了解的混乱占据！❶

但从我们当代的角度来看，确信、猜想和顺应等问题并不是建构所带来困难的全部。在过去的70年里，分析中建构的本质以及这样做的根本原因已经发生了很大的变化。虽然今天的一些治疗包括弗洛伊德所关注的对过去历史事件的建构，但现在更常见的建构是对病人在分析关系中此时此地互动的情感体验的各个方面的建构。这些建构关注的是当下貌似合理的叙事性的因果序列。它们的目的与其说是帮助病人记住曾经知道但后来被遗忘的东西，不如说是发起或促进一个转化过程，帮助病人实现对不成熟的原始情绪的心理表征（Bion，1970），也就是说，帮助病人把以前无法言说和无法表达的感觉用语言表达出来。

后者在治疗非神经症病人的过程中尤为重要，他们的困难与未表征或弱表征的心理状态密切相关（Botella & Botella，2005；Green，2005a，2005b；Levine，2010；Reed，2009；Reed & Baudry，2005）。在这些分析中，解释的字面和历史真相价值有时不如治疗过程中潜在的转化和催化重要，而这些变化可能——而且往往必须——从分析师和病人之间的互动关系中产生。因此，哈特基（Hartke，2009）注意到当代分析目标的重要转变，他认为，当代分析的目标"主要是扩大心理容器，而不是对潜意识内容的工作占主导"，而格林（Green，2005a）认为，对分析师来说，有时用行动来表达他的反移情，比抑制它以应和了无生息或虚伪的言语表达更好一些。这些论断所指向的事实是，我们对分析师必须进行的建构性"工作"的表述，在无表征和弱表征的心理状态的情况下，已经扩展到包括转化性的心理过程甚至人际行为：涵容、反思、阿尔法功能、潜意识的现实化、肯定化，等等❷。

---

❶ 有一个耳熟能详又也许隐秘的故事，一个热心的被督导者向梅兰妮·克莱因介绍了一个案例。他希望向她表明，他理解并使用了她的投射性认同的概念，他描述了他对儿童病人的解释，即这个小男孩正试图将他的困惑投射到分析师身上。梅兰妮·克莱因对被督导者的回应是："不，不，亲爱的。困惑的是你。"当然，这也是分析师始终面临的问题：如何区分什么时候困惑是病人内心世界的投射，什么时候困惑只属于或主要属于分析师。区分这些状态所涉及的困难，只会增加分析师认知焦虑的可能性。

❷ 关于可塑性的讨论，也可参见论文（Botella & Botella，2005）；关于未表征和弱表征的心理状态及其技术意义的讨论，参见论文（Levine，2010）。

这些都是弗洛伊德无法预见的"未来的发展"之一。它们构成了对弗洛伊德最初的技术理论的彻底修正，超出了他的第一地形理论的影响。弗洛伊德本人在其1920年和1923年的论文中为这种修正奠定了基础。在第一篇论文（Freud，1920g）中，他提出了这样的观点，即一些心理功能处于"快乐原则之外"，并且受制于一套不同于日常生活的精神病理学、普通梦境和精神神经症中的动力原则。在第二篇论文（Freud，1923b）中，他用本我（id.）的概念取代了潜意识系统（Ucs.）的结构概念。在这个过程中，他进一步强调了动力性的或被压抑的潜意识与非动力性的潜意识之间的区别，前者的心理内容被表征，但由于其不可接受的——产生焦虑的——意义或潜在的后果而被拒绝进入意识，而后者中的力量（如驱力的压力）、情感、前言语期的或潜在的创伤性事件则保留了不成熟的、更原始的组织结构，因为它们还没有或者只是微弱地进行了表征，象征性地与头脑中的其他元素联系，并插入到叙事链条和因果的历史序列中。❶

马鲁科（Marucco，2007）帮助澄清了弗洛伊德理论的演变，他提出了一个有趣的观察，即弗洛伊德对重复概念的讨论从对被禁止的快乐的固着（第一地形说），发展到强迫性地遭遇没有被表征的创伤影响（Freud，1920g），再到《分析中的建构》论文中的暗示，即关键的是心理的创造性。❷

然而，尽管弗洛伊德在理论上取得了自己的进步，但他仍在继续撰写临床理论，仿佛被限制在他的第一地形说中，在那里，"潜意识"是被压抑的潜意识的同义词，无法被接受的愿望和记忆在被压抑或以其他方式进行防御之前，已经被表征、建立了象征性联系，被插入叙事和历史序列，等等。正

---

❶ 这种区别在弗洛伊德的《论潜意识》（*The Unconscious*）（Freud，1915e）中已经开始形成，他指出，有些潜意识的本我是"高度组织化的，没有自我矛盾"，在结构上与有意识的冲动相对难以区分，然而"它们是潜意识的，无法成为有意识的"。（Freud，1915e：190～191）他继续说"从质量上讲，它们属于前意识系统（Pcs.），但从事实上讲，它们属于潜意识（Ucs.）"。弗洛伊德在这里似乎要做的区分是：有组织的、可表达的、但被压抑的潜意识，即反映表征的心理状态的潜意识心理要素子集，和更大的、尚未组织的、可表达的反映未表征心理状态的原初心理学要素子集。这是弗洛伊德在《自我与本我》（Freud，1923b：24）中再次做出的区分（Levine，2010）。

❷ 一篇论文（Botella & Botella，2005）与《分析中的建构》类似，预示着一种革命性的"第三地形说"，它将以分析师的确信和活动在病人心理发展中的作用为中心。

如许多人指出的，这个层面的概念化最适用于有反思能力的表征性的心理状态。与此相反，当代分析理论已经开始敏锐地区分临床状态和技术回应，这些回应也是对已表征的和未表征的——或者说弱表征的——心理状态进行不同的工作所必需的（Bion，1962，1970；Botella & Botella，2005；Ferro，2002；Green，2005a，2005b；Marucco，2007；Reed，2009；Reed & Baudry，2005），常常用相关但又有些不同的术语来提出问题，如冲突与缺陷（Killingmo，2006）、被压抑的潜意识和未成形的潜意识（Stern，1997）、心智化的和未心智化的心理内容和状态（Fonagy, Gergely, Jurist, & Target，2002；Lecours & Bouchard，1997；Mitrani，1995）、未象征化的心理功能（Lecours，2007），等等。

所需要的区分意味着，我们对分析中需要建构的内容的理解发生了转变，并部分地遵循了对分析师的不同技术要求。就相当于沿着一个连续体从更有组织的位置向更混乱或更原始的心理功能移动，在这里，我们面对的是前言语期的创伤和古老的心理组织的残留物，面对这些残留物，分析中最重要的问题不是揭示或破解意义，而是实现心理表征［塑形（figurability）］的工作以及意义的创造和维持。

马鲁科（Marucco，2007）观察到，分析理论并不总是区分这些截然不同的情况，因为在临床情境中，它们的存在是由类似的现象表现的：重复和行为（*agieren*）。与此相反，他勾勒出一个连续的状态，从表征的（俄狄浦斯性重复）到未表征的（自恋性重复）再到不可表征的（非表征性的），后者指的是"前言语符号"和"无法管理的记忆痕迹"（Marucco，2007：314），它们基于前言语期创伤的标记，规避了意义，因此无法与次级过程联系和绑定。

那么，我们该如何重新解释弗洛伊德的精辟见解，即曾经发生过的事情永远不会丢失，而是仍然铭刻在某个地方？弗洛伊德的意思是说，这些事件仍然被编码在心理结构中？在身体里？又或是在什么层次的组织中？言语的？感官/身体的？

这是马鲁科对问题的陈述：

什么是古老的自我重复？它是在行为中出现的，是在进入另外一种状态之前，在某种退行性力量的推动下进入的一种状态吗？或者，它是某个客体的侵犯性力量的产物吗？它是否印有解除束缚的破坏性痕迹，在那里，通向表征的潜在道路本应被打开？我们离被压抑的潜意识"很遥远"，同时，又与沸腾的本我非常接近。(Marucco，2007：315)

请注意这与格林（Green，1998）关于去投注（decathexis）对心理结构的影响的表述很相似，去投注可能是在无法承受的创伤性丧失或一个主要客体缺失之后产生的。在这种情况下，丧失或缺失非但没有刺激产生心理表征所需要的心理层面的工作，反而会引发：

心灵上的创伤；产生了一种伤口在流血的表征，一种没有伤口图像的疼痛，只有一片空白的状态……或者一个黑洞……情景的整个图像会被抹掉，或只剩下一些残留的碎片（之后会变成一个怪异和荒谬的部分），没有任何纽带能够把它们组合起来。(Green，1998：658)

表征和心智化能力不足的病人不能"①用符号和文字有意义地表征感觉状态，②将情感体验为（他们）自己的，③作为（自己的）代理人建立联系"（Killingmo，2006）。这些病人所感受到的焦虑并不是那种与潜意识中被禁止的欲望相关的焦虑，而是容易与自我的丧失和心理的混乱联系在一起的焦虑。所涉及的不是因满足危险的或被禁止的欲望而受到的惩罚，而是一个人的存在感：认同感和自我体验的形成、凝聚和维持。

在这种情况下，病人依赖于分析师以及他的转换能力，在这个过程中，必须借给病人的不是回忆，而是创造记忆的过程、与其他心理元素的象征性联系，以及一个连贯的叙事时间线的插入。这项工作是作为主体间的对话过程的一部分进行的，而这个过程与分析师的个性、直觉和创造力有着不可分割的联系。正如我在其他地方试图证明的那样（Levine，1994，1997），分析师的作用永远不能超越其反移情的界限，因为后者只是分析师主体性的另一个子集和视角。我们永远不能在分析师主体性（发现"反移情"）缺位的情况下进行建构❶，也不能在没有分析师行动的情况下协助病人实现塑形的工作（Botella & Botella，2005）。这些事实有可能把节制和中立这两个分析技术的古老信条颠倒过来。

然而，我们必须进行建构，因为我们通过自发的和直觉的行动，通过必要的转换性互动❷，将帮助病人进行塑形的工作，致力于创造和加强表征性的心理状态，将叙事性片段的连接、初级过程和次级过程联系起来，形成一个象征性投入的、暂时具现化的和联想性地连接想法的连贯结构——简而言之，创造一个拥有不断发展和无限扩大的潜意识心理空间。

在这种追求的过程中，我们在《分析中的建构》中所预示的愿景的基础上，实现了这一愿景的阐述。正如马鲁科指出的那样：

我们回归弗洛伊德并不是回归正统的工作方式。他的文本始终是一个基本的前言，要从现今精神分析的角度对他的思想进行当代的评估。（Marucco，2007：312）。

我们同意奇亚尼斯的意见，他认为：

弗洛伊德坚定不移地追寻逃离的被压抑的东西，那是无法被记录下来的不可企及的事件。如果这是他的局限性，那么我们要感谢他的直觉，让我们后来一直能够扩展这种直觉，即被压抑的［在这里我还要补充一点，是尚未被或仅被弱化的表征（Green，2005a，2005b；Levine，2009；Scarfone，

---

❶ 奇亚尼斯也提出了类似的观点："反移情总是有助于在分析空间中赋予过去意义和表征过去。"（Chianese，2007：27）

❷ 这些行动被描述为阿尔法功能、幻想和容器/容纳（Bion，1962，1970；Ferro，2002，2005）、移情中的解释（Sechaud，2008）、"移情中的解释"的工作（Green，2005a，2005b）、共同思考（Widlocher，2004），等等。

2006)]通过分析工作成为历史的真相,当有人(分析师)把这个词当作真相时,分析师小说式的、神话式的,有时是妄想式的建构就通过他的语言构成了(历史)真相。然而,这个真相并非生活在任何定义或可定义的地方。弗洛伊德固执地试图找到那个地方,用一个可能的事件去填补一个空白,一个遥远的过去的空白。(Chianese,2007:15)

我试图论证的是,鉴于弗洛伊德 1937 年论文的狭隘观点关注的是具体的心理内容和历史事实的挖掘,而我们更现代的观点则认为建构是连贯的心理结构、身份和自我的转化发展和稳固的必要组成部分。因此,根据我们现在的思考,我们会说,虽然那个"遥远的过去的空白"是不可知的、无法填补的,但它却是分析空间的起源。

弗洛伊德首先把分析的目标描述为"使潜意识成为有意识的",然后将我们的目标重述为"本我在哪里,自我就会在哪里"。当我们面对重大领域的未表征和弱表征的心理状态时,也许我们的警句应该是:"哪里有混沌,哪里就有心理发展。"正如弗洛伊德在 70 多年前的睿智之言:

随着未来的发展,一切都会清楚的。(Freud,1937d:265)

事实与经验:弗洛伊德《分析中的建构》

大卫·贝尔❶ (David Bell)

> 我们(分析师)不声称建构具有权威性,也不要求病人直接同意,……我们也不会与他争论。简而言之,我们的行为是按照内斯特罗伊滑稽剧中的一个著名人物形象进行的,他的男仆对每一个问题或异议都只有一个单一的回应:"随着未来的发展,一切都会清楚的。"(Freud, 1937d: 265)

弗洛伊德论文中提出的问题比它表面上聚焦的问题要广泛得多。虽然不一定十分清晰明显,但一个人对于分析师会做些什么的看法,必然与他如何理解精神分析的目标,以及如何理解心理改变的过程有关。这反过来也引起了精神分析内部的一些重要的辩论和张力:一些人认为改变在很大程度上源于洞察理解,另一些人强调"矫正性的经验"或"真正的关系";一些人将"真相"看作是分析的重要维度,而另一些人认为寻找真相的想法本身只是一种让人欣慰,但具有潜在危险的错觉;一些人认为不仅要寻求意义,还要考虑由因果关系决定的人类本性,但另一些人认为因果论令人厌恶,他们把精神分析看成是一门纯粹的解释学学科。

---

❶ 大卫·贝尔是英国精神分析学会主席,也是培训和督导精神分析师;是塔维斯托克(Tavistock)临床中心成人部的顾问精神病学家,是专家小组的主任,负责严重疾病/人格障碍的心理治疗,并担任医疗培训主任。他在英国精神分析学会教授弗洛伊德理论;在塔维斯托克临床中心举办关于精神分析概念发展的讲座;还就弗洛伊德学派、克莱因和比昂的研究,针对严重障碍的精神分析方法和跨学科(精神分析和文学、社会政治理论和哲学)的著作举办讲座。他是《理性与激情》(Reason and Passion)和《精神分析与文化:克莱因视角》(Psychoanalysis and Culture: A Kleinian Perspective)的特约编辑,还写了一本简短的书《妄想症》(Paranoia)。

显而易见的是，最初在精神分析中作为一个技术性议题而提出的问题，很快就被表明是一个更加重大的哲学问题。❶ 事实上，我们试图理解一个人和他的生活史所带来的各种困难，与历史本身的不确定性并无区别，因为所有的历史显然都是一种重新建构。❷

虽然弗洛伊德似乎没有区分"建构"和"重构"，但至少在这篇论文中，两者的区别已经在文献中得到了确认［也许始于格里纳克的论文（Greenacre，1975）］。明确这种区分是有益的，也值得铭记于心。建构往往被视为来自分析师的建议，与一些更加直接的议题有关，例如发生在某节咨询当中；而重构更多是分析师与病人在较长时间内的联合工作，在这段时间内，分析师和病人建立了病人心理结构的图像，并确立了在其生活史中的地位。

对弗洛伊德论文的一些反思

弗洛伊德的论文涉及一些相关的主题，但这篇文章的论述并不具有论证的特征。它更多是一篇文章或反思的集合。他以一个问题开始，之后又回到了这个问题，即我们如何判断建构的真实性。这是某种形式的自我辩解，用以回应一些人的评论。那些评论家认为分析师有两种思路，也就是说，如果病人接受了分析师的解释，那就意味着病人支持它；而如果病人拒绝，那只是证明了他的阻抗。这种误解，一定会令我们感到震惊，因为这种对于我们谈论的主题知之甚少的情况，依然存在。它不仅出现在餐桌上，而且以一种更加隐蔽的形式出现在复杂的哲学讨论中。例如，格伦鲍姆（Grünbaum，1984）似乎认为分析可以简化为某种版本的"统计参数"，也就是说，如果症状是由被压抑的记忆引起，那么当病人意识到这些记忆内容时，症状就应该消失了，如果它没有消失，就驳斥了精神分析的一个核心论点。沃尔海姆（Wollheim，1993）在一篇大师级论文中，用一个简单的思维实验，揭示了格伦鲍姆论文的漏洞：他让我们想象，一个男人在结束分析后，与另一个

---

❶ 一项很好的讨论（Massicotte，1995）。
❷ 弗里德曼（Friedman，1983）很好地阐述了重构概念是如何处于精神分析辩论的十字路口的，并进一步指出，重构概念具有深刻的哲学意义。

人（可能是一位亲戚）交谈，发现了关于他过去的被遗忘或不曾知晓的一面，在接下来的分析中，他向分析师讲述了这段经历——我们能说他恢复了记忆吗？显然，他现在知道了这个事实，并能够在分析中复述它。当然，沃尔海姆的观点是，知晓有不同的含义，其中一些在精神分析中具有说服力，另一些则具有不同的含义。因为格伦鲍姆误解了精神分析，也就是说，他将无知（不知）看作问题，将知晓看作疗愈；然而，这里的"知晓"是完全从精神分析发生的整个背景中抽象出来的。知识的获取，也就是说，获取作为一系列事实的知识从来不是精神分析的目的。事实上，你甚至可以说，精神分析从诞生之日起就放弃了这样一个目的：精神分析的目标并不是帮助病人获取关于他过去的事实，而是帮助他克服获得这些知晓的阻抗。

精神分析带给我们的不仅仅是新知识，而是意识到我们对于自我知晓的巨大阻抗——当然这也是新知识的一部分。事实上，整个精神分析可以被描述为一篇关于人类阻抗的本质、程度和顽固性的广泛议题的论文——这是它最持久的发现之一，也是最被传统心理学忽视的一个。

无知从来就不是问题；病人需要的是克服对于知晓的阻抗，而不是知晓本身。正如弗洛伊德简洁地指出的那样：

> 如果对于病人而言，获得关于潜意识的知识，像从来没有经历过精神分析的人想象的那样重要，那么听讲座或看书就足以治愈他。同理，这些方法对神经性疾病症状的影响，就如同饥荒时期分发菜单卡，并不能真正改变饥饿的状态。（Freud，1910k：224）

克服阻抗并不仅仅是克服个体的一系列阻抗，而是一项帮助病人以不同方式认识自己的系统工程。这就是本文要讨论的一个核心论点，即分析的目的更多地集中在想要知晓的过程（process of coming to know）——知晓并非事实的累积，而是某种功能和过程。

正如弗洛伊德展示的，考古隐喻孕育了意想不到的丰富性，并阐明了这一主题。和考古学家一样，精神分析师永远无法完全证明他的观点。他可以说，精神分析师提出的重构，考虑了所有的材料，达到了与现有事实的最佳匹配。"考虑一切"在这里包括已知的具体考古遗址、对该时期相关知识的了解程度、考古学家对自己专业工作的认知、工作任务、获取数据的方法、测算方法，等等。考古学不仅仅是在遗址上有所发现的技术集合，还是一套知识体系。类似地，我们可以说分析师提供给病人的建构，不仅与病人在某节分析中带来的材料（目前的勘察地点）一致，而且与对这个病人整体上的理解是一致的（也许更进一步），这种理解不仅源于特定的病人，也源于有关生命发展阶段的知识，以及更一般水平上的、精神分析关于心智发展的知识。

和考古学一样，精神分析理论也有不同的层次。最外围的是关于在一节特定的分析中发生了什么的当代理论；然后是关于特定水平病人的心理功能的一般理论、主要的移情种类，等等，后者的相关知识是随着时间推移慢慢积累起来的；然后是临床治疗理论——如移情理论，理解投射、认同等的心理机制；最后，在更普遍的层面上起作用的是精神分析的心理模型，包括透过俄狄浦斯情结建立起来的心智结构、原始超我（archaic superego）的本质，等等。如果将第一层看作是最外围的，最后一层是最核心的，很明显，越是外围的理论越开放。当一个人有了更多的理解时，对于变化就变得更加开放（这种变化不一定会排斥以前的理解，但可能会丰富它们或者从不同的角度来看待它们），随着分析工作的进行，人们会期待这些变化。然而，一个人不会期望自己对病人基本性格结构的理解会经常改变——事实上，如果每周情况都在变化，人们就会认为出了什么问题。同样地，人们也不会期望在一次会谈或任何一次分析中发生的事件会推翻精神分析理论。那些持相对主义立场的人，并不赞同将理论进行分层，因为精神分析的理论与实践是共存的，也是紧密交叠在一起的。❶

正如弗洛伊德指出的，分析师确实比考古学家更有优势。考古学家不得不承认，原初的物体结构永远不可能被挖掘出来；然而分析师发现，原初的

---

❶ 前面的讨论隐含着一个问题，我现在想说清楚，即精神分析一词涵盖了广泛的范围，可以被包含在以下广泛的类别中，最初由弗洛伊德概述：一种心灵知识的体系、一种研究方法，以及一种治疗精神障碍的方法。重要的是要牢记这一广泛的参考框架，因为在精神分析的讨论中，特别是在技术问题的讨论中，很容易把它仅仅看作是对个别病人的一种治疗形式。

心理结构在意识中持续存在，没有任何东西会被真正地抹去。然而，这些有生命的结构，这些"来自婴儿期的重复性反应，和与这些重复有关的、在移情中表现出来的部分"（Freud，1937d：259），不仅是知识和理解的来源，也是阻抗的来源。在这一点上，考古学家是无与伦比的，因为无论他的研究项目多么晦涩和困难，考古学家都可以确信，他的研究对象并没有向他隐瞒秘密的现实意图！

在弗洛伊德技术理论的发展中有一条轨迹，即从揭示婴儿期记忆作为过去的事实，到在移情中重构这些记忆，再到不把任务看作重构历史现实，而是另一种现实——心理现实。"当移情上升到这一意义时，研究病人记忆的工作就退回到了更远的背景当中。"（Freud，1916-17：444）然而，正如布卢姆指出的那样，"这些评论需要与弗洛伊德同时持续强调的起源性观点进行批判性的比较和对比"。（Blum，1980：46）

也许真正的问题并不是起源性重构与基于移情的重构之间的矛盾，而是将被记起的纯粹事实置于何等的重要程度，或者甚至可以这样表述，是将其作为没有治疗效果的已死的事实或雕像，还是作为一个有生命的实体出现在咨询室里。后者为不同的理解创造了条件。所以，当弗洛伊德说出下面这段话时，我认为，他并不是在提出一个解释的模型，而更多的是提供了一个随着时间流逝而将一片一片的材料放在一起，逐步进行重构的示例。人们可能希望这种理解确实会出现在分析中。但是，这种理解所采用的形式，及其达成的方式，在分析师和被分析者的信念方面至关重要。如果这是一个小型讲座，那么它就是"知识即事实"，但是当这种知识是通过对活在当下的一段早期心理生活的理解而产生时，那就是另一回事了。

你一直认为自己是母亲唯一的、没有任何限制的拥有者，直到那年，另一个孩子出生，这给你带来了严重的幻灭感；你的母亲离开了一段时间，甚至在她再次出现之后，她也不再像从前那样全心全意地爱着你。你对母亲的感觉变得矛盾起来，而父亲对于你而言，有了新的重要性。（Freud，1937d：261）

对于信念的问题，弗洛伊德写道：

> 我们常常无法成功地引导病人回忆起被压抑的东西。相反，如果正确地进行分析，我们就会从他身上产生一种对建构的真实性的确信，从而达到与重新获得记忆相同的治疗效果。问题是，在什么情况下会出现这种情况，以及看起来不完整的替代物如何可能产生完整的结果——所有这些问题都还有待研究。（Freud，1937d：266）

这里出现的一个关键问题与精神分析中目前的争论有关。如果病人对早期心理生活的理解并非来自不可触及的回忆，而是扎根于他对移情中强迫性重复的觉知，那么，这些信念是有现实基础的——是心理现实而不是物质现实，但仍然是现实。然而，如果从这一陈述中得出，这是对信念本身的感觉，无论其真实性如何，都具有治疗的意义，那么这就提供了截然不同的观点。在这里，分析不再是重构和发现，而更像是将一个叙述性的事实替换为另一个更实用的叙述性事实。从这种更相对论的角度来看，重构只是我们讲的故事。这将完全打破考古隐喻，因为没有考古学家认为自己只是在讲有趣的故事。❶

我认为，有一个神话——也是创始神话之一——仍然被我们专业外的许多人和业内的一些人分享，在神话中一个被分析者发现了他自己从未了解的过去：这可以称之为精神分析的启示。我认为这种情况极其少见。经过充分的分析之后，绝大多数患者可能会说："很奇怪，我没有从未被了解的过去中学到任何东西，我真正学到的是它的意义，对于我的意义，对于我的生命的持续影响。"布卢姆在写文章时也提出了类似的观点："通常情况下，患者知道创伤，但不知道它在她生活中的意义。"（Blum，1980：40）

当代克莱因技术中的建构与重构

克莱因学派对精神分析技术的态度绝不是统一的，特别是关于生活史的

---

❶ 这一问题，即精神分析中的真相问题，在其他地方得到了更广泛的讨论（Bell，2009）。

重构在分析中的作用方面。这不完全是一场争论，而更多的是思想和侧重点上的分歧，这一直是富有成果的争论的源泉。

然而，在理解分析师的作用和工作目标方面，存在着广泛的共识。❶克莱因取向在本质上属于经典流派，强调改变源于洞察，并认为分析师的中立很重要。但是，增进对这些现象的复杂性及其特征的细微差别的理解已成为重要的研究方向。根据本文的主题，对洞察力的理解不是"知道"，而更多是对于新情况的理解。对任何一节分析中发生的心理变化和转变保持敏感洞察的能力有很大的提升，从而能够将看起来相似的情况区分开——例如，将真实洞察与虚假洞察区分开，后者是阻抗的体现。贝蒂·约瑟夫（Betty Joseph）的论文在这方面有重要的影响（Joseph，1983，1985）。

T先生是一位典型的躁狂患者，他在星期五的分析中对自己有了一些真正的理解，这与他对被排斥感的高度敏感以及他被这种忧虑占据的生活方式有关——这对于他和他的分析师而言，是一个令人感动和辛酸的时刻。在接下来的星期一，他重复了解释的内容并对其进行了详细阐述，但是很快就发现，这种"理解"现在具有完全不同的意味。分析师感到自己被排除在外，更像是听众，并且一直沉默。随着分析的继续，病人描述了他愉快的周末。他遇到了不同的朋友，并帮到了他们。但是分析越往后进行，就越清楚地表明他对于朋友的理解与他在星期五的分析中所获得的理解几乎相同。换句话说，最初始于洞察，之后是整合，而这种整合伴随着意识到对客体的依赖及其与客体即将分离，最终心理上的转变发生了。现在正是他成了理解的所有者：他投射性地将自己认同为无所不能的分析师，也将自己需要帮助和理解的方面投射在了他的朋友们身上。

这里的重点是，尽管这些叙述表明这些洞察源于星期五的分析工作，但它们现在以完全不同的方式在起作用。要理解周一的材料，需要考虑到气氛

---

❶ 西格尔（Segal，1962，1977）对精神分析中的治疗因素和克莱因技术的理解做出了最清晰的描述。虽然这些论文是30多年前写的，但它们经受了时间的考验，仍然是开创性的贡献。

的变化，包括周一分析师感觉被排除在外，成为患者快乐周末的听众。

该材料突显了克莱因分析技术的关键特征，即密切关注访谈的气氛/情绪。从某种意义上说，如果充分考虑到分析中的情绪氛围，一种理论上的建构可能没有多大意义，这不仅是因为在这种情况下的解释将毫无帮助，而且因为如果不充分考虑情绪氛围，这一建构也不可能是正确的。一个相关的问题会发生在这样的情况下，即分析师了解到病人已经将自我的大部分投射进他的某个客体，但分析师与病人交谈时，依然当作这些方面是属于他的，是没有意义的。这样做就好像我们知道的事实并非是真实的一样，正如下面的例子：

G女士的分析令人感到不知所措，因为她不断提出侵扰性的要求，想要占有分析师。她拒绝结束分析，并试图在分析时间之外通过信件和电话与分析师交流。然而，在一次分析中，她看起来比较平静，却用了一定的篇幅和很快的语速谈论了朋友苏珊，她认为这个朋友令人非常恼怒。苏珊不断给她打电话，不断要求G女士去看她，并威胁说，如果G女士不遵从她的意愿，她就自杀。G女士对苏珊非常生气，描述了她疯狂的占有欲和贪婪。

当然，当听到这些材料时，令分析师感到震惊的是，对苏珊的描述与患者本人是如此相似。这位分析师对病人说，苏珊似乎代表了她占有欲、侵扰性的一面。病人对这个相当笨拙的表达的反应是很明显的。她笔直地坐在沙发上，紧紧抓住头部，仿佛遭到了殴打。

在这里可以看到分析师提供的建构，虽然理论上可能是正确的，但在意义上是错误的，因为它没有足够认真地对待分析，也就是说，分析师已经了解到患者将自己的很大部分投射到苏珊身上，分析师与她交谈就好像病人能知道这一点；事实证明，这种误解对患者造成了极大的创伤，因为分析师猛烈地将患者无法耐受的东西重新投射到她身上。

在其他情况下，这些有力投射的对象则是分析师本人，尽管他可能理解这一点，但他仍然无法将这种理解提供给患者。相反，分析师有时可能不得不忍受长时间的令人不安的心理状态,这成为分析任务的核心部分。

在强调中立的同时,人们越来越多地认识到分析师的中立如何被微妙地破坏,并进一步认识到这是不可避免的。分析师被推拉着与病人一起行动化(enactment),只有在事后才能意识到(Feldman,1997)。整个情况是由分析师和患者共同经历的,这种认识已成为理解的最有价值的来源,并不断为解释性工作提供信息。然而,在此必须强调,这种对行动化必然性的接受,对其在促进理解方面的作用的认识,不应被误解为对这种行动化的理想化,和对中立的放弃。因为只有通过为保持中立而进行的不断努力才能清楚地看到偏离中立的情况。因此,移情不再被看作是对过去的行动化,而是被视为一种活生生的现象,病人的焦虑和冲突也由此被带入分析之中。

克莱因写道:

> 许多年来(直到今天仍然是正确的),移情是根据分析师在病人的材料中被直接提及的内容来理解的。我的移情概念根植于最早的发展阶段和深层的潜意识,它要广泛得多,它涉及一种技术,通过该技术可以从呈现的全部材料中推导出移情中的潜意识元素。例如,有关患者日常生活、关系和活动的报告不仅可以洞察自我的功能,还可以揭示——如果我们去探究他们的潜意识内容——移情情境中激起的对焦虑的防御。因为病人必定会使用与过去同样的方法来处理与分析师互动中的冲突和焦虑。也就是说,当他试图远离他的原初客体时,他也会远离分析师;他试图分裂与分析师的关系,把他当作一个好人或一个坏人;他把对分析师的一些感受和态度转移到他当前生活中的其他人身上,这是"见诸行动"(acting out)的一部分。(Klein,1950:436)

正如布施(Busch)所说:"心理现象的每个方面都被带进了分析师的房间,这清晰地呈现在分析中的此时此地。"(Busch,2010:29)

虽然对上述各种现象学区别的关注自其创立以来一直是克莱因取向的典型议题,但正是比昂最明确地说明了这一点,而当代克莱因学派的许多技术都依靠他的工作。❶ 这些没有被承认，不是因为他的工作可以被忽略，而是因为他在这方面的影响如此之大，以至于它已经成为这种工作方法的组成部分。在这里最基本的是，比昂对作为语义内容交流（communication）的词和作为行动（actions）的词进行了区分。当然，所有人类的交流都是意义维度和行动维度的交织（Pick & Rustin，2008）。但是，在行动占主导地位的情况下，这必然会影响一个人对语言材料的态度，从而提出不同的建构。就上面讨论过的 G 女士而言，她的语速很快，她的话是行动的载体，以防止任何打断，因为她迫切需要摆脱一个苛刻的迫害客体，也就是通过将其投射到苏珊身上来达成。

罗森菲尔德（Rosenfeld，1971b）讨论了相关的议题，考虑了重要的技术含义，包括如何与患者交谈，也包括如何区分将投射性认同用作逃离无法忍受的心理内容的载体（如 G 女士的案例所示），与主要动机不是逃离而是沟通的情况——沟通不仅通过意义，也通过行动。斯坦纳（Steiner，1994）发展了这个主题。

K 先生是一位重度精神分裂症患者❷。一天来分析时，他在等候室看到了另一个病人，他感到非常沮丧。事实上，是那位病人记错了时间。K 先生在这种情况下感到非常担忧和脆弱，担心他的分析师更愿意见另一个病人而不是他。

在第二天的分析中，K 先生看上去比平时更加困惑，并用以下方式开始了他的分析。

"我已经去找过了 X 博士（他以前的治疗师）。我和他在一起。比起你，我更喜欢让他作为我的治疗师。我敢肯定，如果我每周能见到他 3 次，我会比和你一起进步更多。我了解他……但我对你一无所知。"

治疗师在讨论中，描述了他如何感到被贬低和被伤害，觉得自己比 X

---

❶ 布施（Busch，2010）指出，这类思维现在是精神分析主流的一部分。
❷ 这种材料被用于不同的背景，即讨论投射性认同（Bell，2001）。感谢尼尔·摩根（Neil Morgan）先生允许我使用这些材料。

博士逊色，而 K 先生似乎与 X 博士有着更加真实、丰富和开放的关系。

片刻之后，K 先生以一种试探性的声音，好像在检查什么，若有所思地说道："我不知道这是否让人感觉到受伤，不是吗？我甚至不知道这是不是真的。"

他接着说："我在来的路上，在这条街上看到过这个老妇人。我以为我可以抢劫她，也可以说'你好'。我不确定哪个更好……但我没有将任何一种想法付诸行动。"

他的治疗师听了之后很感动，并说："你是想让我知道你昨天见到另一位病人时的被排斥感。你觉得和我的关系也进入一种被逼到墙角的状态，你认为我和另一位病人的关系更好，我宁愿见他也不愿见你。"

这里的要点是，尽管患者表现出优越，但他也向治疗师表达了（说"你好"）他感到自己被排斥和感到脆弱的体验。他显然没有失去与经验的链接，事实上，他似乎还在检查他想交流的内容是否已被准确传达。

治疗师有能力接受（take in）被排斥和被贬低的感觉，这显然是他与病人沟通能力的关键，他能够向患者表达对他们之间互动的理解，这表明投射机制促进了分析师共情的能力。

这一材料更深层的特点值得注意。很明显，治疗师确实受到了患者的影响，他感到被冷落和被抛弃，但正是由于他从这种心理状态中恢复了过来，他才做出了解释——正是因为他有能力承受这种状态的全部影响，并且能够从这种影响里走出来，他才能够以对病人有意义的方式做出解释。

这需要通过反移情体验❶来工作，从而能够充分意识到它及其与当前情境、移情和主要内部客体的关系，这在许多文献中已受到相当多的关注。在这方面，布伦曼·皮克（Pick，1985）和卡皮（Carpy，1989）的工作具有重要意义。这种思维方式的另一个重点不是让分析师保持不卷入

---

❶ 当然，当分析师被反移情支配时，他并不认为它是那样的：对他来说，它只是一个事实。只有当他从其中走出来时，他才能理解它的本质。

(uninvolved），这在任何情况下都是不可能的，而是认识到理解这种卷入（involvement）的性质是我们最有价值的工具之一。然而，同样重要的是不使反移情理想化：正如西格尔所说的那样，"反移情是最好的仆人，也是最坏的主人"（Hunter，1993）。

因此，很明显，工作中有非常重要的一部分先于对患者进行建构，这就是分析师的内部工作。有时这种情况发生得并不引人注目，反映了一种普通的反移情倾向，这是正在进行的工作的一部分。然而，在其他时候，反移情变得如此繁琐，以至于到了反移情神经症的程度。在这种情况下，分析师通常需要在同事的支持下通过内部工作来释放自己。在这里，更多的是分析师默默地给自己做出解释，这为他提供了必要的内部反思空间，使他在与患者交谈时达到一个更好的位置，而他的表达能够不被反移情占据（Britton，1989）。

当然，此处交流和行动之间的区别不仅适用于病人，也适用于分析师，也就是说，相同的建构、相同的词语可能表达了截然不同的现象。在分析师仍然承受着反移情的全部压力的情况下，他的话很容易成为行动的载体。例如，在上面关于感觉到被排斥的分析师的材料中，分析师必须承受这种体验，并抵制试图让病人承认自己是被排斥一方的诱惑，也就是说，抵制试图强行将排斥感重新投射到病人身上的诱惑。

这些现象可能是微妙的，并且比我们经常意识到的更为普遍。例如，我想到了那些时刻，分析师意识到他正被视为迫害的对象，并感到压力，即需要向患者和他本人保证他不是患者所认为的可怕客体。分析师可能会说，例如，"您感觉到我是如此（坏）的客体，这与你对母亲的感觉如此相似……"，这似乎是一种解释，但说话的方式和语调可能传达了"但我当然不是"这样的不言而喻的含义，而且患者经常会听到这样的话。

S女士在童年时遭受过严重的创伤，分析中充满了恐惧感。当她走进房间躺下时，她偷偷地看着我，直到我讲话之前，她常常无法开口。她的生活如同她的分析一样，想要控制其他所有人，这与她的客体关系有关。她的母

亲似乎对她一无所知，而且非常阴晴不定。但是她认为，如果她特别小心地和母亲接触，并在对的时间，用对的方式，在母亲的心理状态正常的情况下与母亲交谈，那么一切都会好起来。有了这个全能的系统，她至少可以创造出与她的客体进行良好互动的可能性。但是，当这种尝试不可避免地失败时，结果就是她觉得那完全是她自己的错——她受到了全能感的迫害。她觉得完全无法对母亲提出任何批评，因为这是对一个既暴躁又脆弱的客体的危险挑衅。（我认为这种组合在类似情况下是经常发生的。）最好的结果是一连串的愤怒指控和即刻驱逐，而最糟糕的是她的客体崩溃，这将带来迫害性的罪疚感。

S女士经常谈论她最担心的情况，但是，她用另一种声音特别补充道："我相信一切都会好起来，会好起来的。"她对分离非常敏感，但是休息后返回分析时，她感觉自己正面对着一个随时可能暴怒的客体。我想到的是，对这种情境的某种意义的解释之后经常是沉默，有时我会发现自己在说，好像我需要一些确认，"你知道我的意思吗？"

在星期四的分析结束时，我对S女士说："星期一见。"我误认为第二天是她取消预约的那个星期五。她转向我说："你的意思是明天。"我略带害羞地笑了笑，笑着说："噢，是的。"第二天，当我们讨论这个问题时，她很快指出了我们处理得有多好：她能够纠正我不是很好吗？一年前她是做不到的，而我有些不知不觉地就跟了上去。

在下周的星期二，我把门打开了，这是让病人进来的一个信号。当她进入房间时，我正在整理椅子罩布。我一定看上去有些吃惊，然后，在我能够思考之前，我发现自己将表情变成了一种相当宽容的微笑。

她从告诉我她的孩子开始，她的孩子前一天被蜜蜂蛰伤了（我记得那是引起她极大担心的原因）。她谈到婴儿康复的速度有多快，令人惊讶，她以为没有可能，等等。

她以这种方式说话，持续了一段时间。

我认为我迅速整理椅子罩布的冲动与我们之间发生的事情有关。我正在抹去其他病人留下的痛苦的痕迹，还有她进来时我的震惊表情，我认为她现在体验到了被抚慰。我想她一定以为我的举止很奇怪。但是现在，我被鼓励放下任何担忧，接受快速的好转，而不去考虑刺痛的感觉；我们可以彼此保证一切都很好，可以这么说，"很好，就是很好"。

当我向她说出我的这些想法时，她的表情发生了非常明显的变化，就像她说的那样："你不知道我来到这里……来做分析对于我来说有多么困难。这是一个如此可怕的地方。我从不真正知道我应该做什么。"

后来她谈到忍受在分析期间不看向我，或者没有对诸如"你好吗？"之类直截了当的问题作出回答，对于她而言有多难。（当然，这个问题对她来说意义非凡。）

因此，我的病人对分析性节制的看法不是中立，而就像面对一个疯狂且善变的客体，他不会告诉她如何去做，甚至不告诉她他的状态如何，并且将她丢在一边，让她独自解决问题。

这些材料有助于说明上述讨论中所强调的一些主题，但也有助于填补一些当代克莱因分析中建构使用方面更广泛的问题。首先，虽然我有某种感觉，我感觉到了一种冲动，想把事物抚平，或者让自己放心（我不是我的病人认为的那个可怕的客体），或者想从病人那里得到她已经理解了我的确认，但我并没有真正充分地意识到这一点，也没有领会到它的意义。分析中的重构不仅是对移情情境的理智层面的理解，还是我们之间作为一个"整体情境"的存在方式。被带入移情的是活生生的内在情境（internal situations），这里有一个可怕的内部形象（internal figure），暴虐而又脆弱，并且是以复杂的方式与过去的经验联系在一起的。值得注意的是，我们之间不仅存在着焦虑的情境，也存在着对它的防御（抚平）。

在《分析中的建构》中，弗洛伊德认为，我们只能通过看到接下来发生的事情来评估解释的正确性。在解释之后气氛的突然转变也伴随着病人能够表达些什么的能力，也就是说，她发现分析是如此的困难——而在那之前，我必须要将它抚平，这似乎意味着我做对了，因为它带来了这些新的材料，支持了这一解释；更重要的是我们之间的情感接触变得更加广泛和深入。这种理解不是知识的给予，而是代表了一种思维的进化，正如我所说的，是即时的。

解释工作总是局部的，但人们希望随着时间的推移，建立起更全面的理解。我想大多数克莱因分析师都会同意西格尔关于解释工作的重要方面的评论：

> ……虽然我们不可能总是做出全面的解释，但我们最终的目标是完成它——全面的解释将包括解释病人的感觉、焦虑和防御，同时考虑到现在的刺激和过去的重现。这将包括他的内部客体所扮演的角色以及幻想和现实的相互作用。（Segal，1962：212）

此时此地

上面所阐明的解释工作主要针对此时此地的分析情境，因为这是对分析师和病人而言都有重要的情感负荷（affective charge）的场域，这是克莱因取向，或许也是主流精神分析的特征。然而，这里还有另外一层含义，我认为是无法逃避的。所描述的客体不仅是病人心理现实中的存在：它的影响力还取决于它在她的成长史中的位置。但请注意，这里的成长史包含两层含义：作为内部客体存在于病人心理现实中的历史，以及该客体与真实的历史性过去之间的关系。认识到这两个方面都不能在任何绝对意义上被理解，并不等于否认它们的历史性影响力［从认识论的视角看，探索遥远过去的现实，与探索新近过去的现实，你将遇到的困难并无差异（Friedman，1983）］。然而，对历史性的过去追根溯源、建立连接，不仅是一个理论问题，还是一个技术问题。过早地讨论真实发生的成长史，我认为就像我们刚才讨论的情况，会导致远离眼前即时发生的情境；另一方面，只（only）关注现在也并不是件容易的事情。

奥肖内西（O'Shaughnessy，1992）对这个问题进行了恰到好处的阐述。尽管她说明了在分析中理解内部情境的方式所能达到的深度，但她的论文标题《飞地与远足》（*Enclaves and Excursions*）阐明了对即时情境的解释与对外部、历史性情境的强调，不仅是不同的技术立场，而且是分析工作的不同维度。在某一时刻注重对心理现实的理解可能有助于加深理解，而在另一时刻，它可能以一种微妙的方式成为一种行动，造成一种错觉，使之认为咨询室之外的历史和生活并不重要。这就是奥肖内西所说的"飞地"的意思。另一方面，当咨询室里的张力（heat）过高时，分析师可能会转而长篇大论地讨论病人即时生活的情况，或者对过去的生活事件进行重构，以此作为离开现在情境，去到一个更舒适的地方的方式，在那里分析师和病人把他们自己放在一边，可以说是凝视着咨询室外。奥肖内西称之为"远足"。

我们总是受到咨询室里发生的事情的影响。我们所做的一些事情是为了往前走，但在另一些时候，我们却在不知不觉中支持着阻抗和防御。正如弗里德曼所说，"移情和阻抗沐浴了治疗中的一切"（Friedman，1983：209）。而基于这种认识，我们只能认命于弗洛伊德借用内斯特罗伊的名言："随着未来的发展，一切都会清楚的。"

作为过程而非事件的解释

一位病人在一次分析中对自己的理解，可以很快地应用到其他的需求中。

B先生是一位在整个周末对他的分析师进行投射性认同的病人，他能够迅速地从真正的理解转向更深的洞察和发展，这在下面的梦中得到了很好的展现。

我在一座山上。我走下来，看到政府公屋租户都有漂亮的花园。我请其中一位租户教我如何种植花园，他就照做了。

这真是一个非同寻常、相当令人感动的梦。他从高处走下来，走到平凡的生活中，从这个位置上，他现在能够寻求帮助而不感到丢脸。此外，他还向那些在普通生活中被他蔑视的人求助；他害怕被人看到他在他们的附近，因为这会使他对他们的蔑视蔓延到自己身上。

梦中的这个行动可能会带来真正的以不同的方式与他人交往的能力，使他允许自己得到帮助，等等。然而，梦中的下一刻，却揭示了一个改变一切的动作。

（他）突然转向一群听众，说："你看（是不是很奇妙），连我这么重要的人都能向一个这样的政府公屋租户求助。"

在梦的第一部分，有一种感觉，就是希望让母亲和父亲（一个种地的人）告诉他生命的意义，从而允许他得到发展。然而，这个过程突然被他重新回到山上、夸大自己，同时转向旁观者（自己的一部分）的行为破坏。发现的过程本身已被反常地转变为一种表演。

进一步说，这个过程体现在梦的讲述中。在这个意义上，这是一个自我表达（self-presenting）的梦。❶ 梦的讲述本来可以是对生命困境的真实表达，但是，在讲述的过程中，在他回到山上时，这种真实的表达被从他的脑海中撤出，而被投射到了梦中。

那么，很显然，一种解释是从过程中产生的，它的意义会随着时间的推移而变化，有时会发生巨大的变化。就如上面的例子，不仅对患者来说如此，对分析师来说也是如此，布里顿和斯坦纳（Britton & Steiner, 1994）也做了类似的描述。他们借用了比昂的"选定事实"（selected fact）的概念——这个概念是从数学家波恩卡雷（Poincaré）那里借来的。选定事实指的是，大量表面不相关的数据可以突然被视为符合一个数学函数，而这个函数的发现给数据带来了一致性。从这个角度看，分析师的建构是对一个选定事实的领悟，它将数据组织起来，整合成一种模式。然而，布里顿和斯坦纳强调的是，今天选定的事实可能是明天被高估的想法，也就是说，解释的作用与其说是对材料的理解，不如说是分析师需要塑造材料，使之符合他的理论。我想我们都很熟悉这样一种令人不安的经历，即发现自己过分拘泥

---

❶ 关于"自我表现的梦"的完整讨论（Hobson，1985）。

于一种特定的解释或看待事物的方式。有些患者很快就会察觉到分析师对他的某一种解释的过度兴趣，然后会带来一些材料，这些材料虽然表面上支持了他的解释，但在更深的层次上，是患者满足分析师需求的工具。

H女士是一位正在接受分析的患者，在了解到她有贬低自己的倾向后，在随后的分析中谈到了大量现在和过去生活中有趣的例子。虽然分析师和患者看起来是在某一层面上拓宽了理解，但后来却认识到这是在想象中满足分析师的需要，而在更微妙的层面上，则是加剧了对自我贬低的投射。

拥有与存在

精神分析较少关注知识本身的获取，而更多是为一种存在方式的持续发展、自我反思，和认识了解的方式提供条件。❶ 弗雷德·布施（Fred Busch）提出，这是区分精神分析与心理治疗的主要方式之一。

简单地说，我们已经意识到，认识的过程与被认识的内容同样重要。在相对成功的精神分析中，被完成的是一种认识的方式，而不是简单的认识。（Busch，2010：24～25）

从这个角度看，解释既是知识的给予，也是为了支持一种认识的方式，而后一种功能才是关键。

这种存在于"拥有"（having）和"存在"（being）之间的区分（前者描述的是对事实的占有，后者是对功能的认同）表达的是不同的潜意识幻想。在知识被当作一种占有，一种"拥有"的东西的情况下，潜在的幻想可

---

❶ 埃里克·弗罗姆（Erich Fromm）在他的《拥有或存在》（*To Have or to be*）（Fromm，1976）一书中很好地刻画出了"拥有"和"存在"之间的这种区别。

能是占有乳房，而存在则处于一种领悟的状态，可能表达的是对乳房的认同，或者更准确地说，是对一种功能的认同。在无法进行后一种认同的情况下，"拥有"将不得不替代"存在"。比昂（Bion, 1962）描述了某种精神状态，在这种状态下，接受爱和理解的能力受到了严重的损害，导致对物质的无止境的贪婪，再加上完全缺乏满足感，在精神分析中，这可能表现为患者对解释的无尽贪婪，同时又缺乏理解的能力❶。

"逐步认识"（coming to know）功能的发展，就其本质而言，是渐进的、发展的。在B先生的案例中，他的周末都在与分析师的投射性认同中度过，"逐步认识"的过程被一种接管劫持，这种接管是直接的、完全的，是一个事件而不是一个发展的过程。虽然这可能具有重要的防御功能，但它与发展相背。我不确定我们是否已经找到了描述不断进步的发展认同的适当词汇。

然而，似乎确实存在这样的情况，即分析师有能力形成一种潜意识的幻想，而这种幻想对病人来说根本是无法获得的——有些人称之为"对墙壁的召唤"，但对病人来说是有用的，似乎启动了一个更深入理解的过程。

也许真正的洞察力，在某种程度上结合了两种认识方式，也就是说，当我看到自己在歪曲某事时，我知道自己歪曲的事实以及它在我的人格中的历史，而且，在理解这一点的过程中，在发现自己这样做的过程中，我也是以一种不同的方式来认识自己的一方。❷

四项声明

上面概述的技术理论，以及它必然会运用的精神分析模型，需要与导言中提到的那些方法区分开来，这些方法虽然乍一看似乎相似，但不仅是不同的，而且还建立在完全不同的基础之上。

---

❶ 比昂还利用了弗洛伊德关于重构的考古工作比喻。然而，他提出，在更混乱的心境中发现的不是原始的文明，而是原始的灾难（Bion, 1958）。

❷ 布里顿（Britton, 1989）描述了培养"在做自己的同时观察自己"的能力的重要性，并将其与抑郁状态的概念联系起来。

- 首先，这里对"认识过程"的强调，很容易坍塌成一种神秘主义，在这其中，洞察、领悟内在冲突的中心地位就会丧失。在这里，存在的状态比理解更受重视。这种立场是与原始的科学客观主义对立的，实际上，有时也是对科学客观主义的一种反应，病人在那里积累的是事实，但没有完全理解。

- 在克莱因主义的分析中，也许还有许多主流分析中都强调对分析师和病人之间关系性质的考察，这不应该使读者认为这种方法与"主体间"（intersubjectivism）有共同之处，在这种分析中，内在的心理生活融入了两个人之间的关系。因为，正如一开始所说的，克莱因取向的方法是与经典传统结合在一起的，在这种传统中，个体拥有一个内在，受到驱力、焦虑和冲突的驱使，而他只能朦胧地知道这些。此外，对分析师被卷入到行动化中的方式，进行丰富、深入和更微妙的理解，需要与对这种行动化的理想化区分开来，我们在意的是分析的效能。分析师以这样的方式努力追求中立，同时承认这是一种永远无法完全实现的愿望。根据这个观点，中立完全被与患者公开讨论分析师的感受损害——这种做法在某些分析学派中正在成为时尚（Benjamin，2009）。

- 认识到分析师和病人之间关系的中心地位，并不等于优先考虑"真正的关系"——至少，与这个术语所带来的技术和理论意义（如矫正性情绪体验的概念）无关。当然，分析师的个性，即分析师的身份是重要的，如果说不是这样，那就太荒谬了，但这里关键的不仅在于分析师"是谁"，还在于分析师以什么样的方式展现自己分析师的身份（例如，他可以在保持分析立场的同时与之斗争）。

- 强调理解的即时性，承认理解总是片面的，而且常常是错误的，并不能使分析师和患者摆脱关于真相的困扰，因为这是洞察的基础。请注意，这种对真相的承诺并不是铁定的真理——对真相的无所不能的断言——而更多是艰难而不确定的斗争，即在认识到总是会制约我们的局限性的同时，尽可能多地去了解：哲学家苏珊·哈克（Susan Haack，1999）称之为"摸索和把握世界是如何破烂不堪的过程"。因此，这种方法与更偏相对主义的方法形成对比，在这种方法中，真相的观念被视为纯粹的幻想，只有不同的观点，没有任何一种观点比其他观点更有分量，从而导致一种实用主义，"什么是有用的，什么就是真的"——我认为，这种观点在逻辑上是不连贯的。正如汤姆·内格尔（Tom Nagel，1986）论述的那样，"本然的观点"——没有未受污染的观点——这一事实并不能将我们从尽可能把事情做对的挣扎中解脱出来。我曾在其他地方详细探讨过这个问题（Bell，2009）。

那么，建构和重构不仅仅是"叙事"。我们都是经验的主体和客体，嵌入在我们无法控制的因果结构中。意义和原因相互渗透在我们的生活中，是我们作为人的构成要素。我们不得不生活在这样一个世界里，其中总有来自内部和外部的观点；主观与客观之间的紧张关系是无法超越的，正是在这种紧张关系中生活的特殊能力，才是弗洛伊德的伟大成就之一。

人类生活的这两个方面对应着重构过程中交织在一起的因果关系和意义的两条线，一条线代表了人类自然发展的历史，另一条线代表了人类的自我反思（Friedman，1983：191）。

结论

纵观弗洛伊德的毕生作品，在对立的观点之间存在着不可调和的紧张关系——在生物和心理之间，在原因和意义之间，在心理现实和物质现实之间。但正是他维持这些紧张关系而不加以解决的能力，才是弗洛伊德天才的标志之一。这些"阐述多种分析观点（而不加以解决）的微妙平衡能力"（Rieff，1959：95），既是弗洛伊德作品的构成要素，也表达了他对思维能力基础的看法。

与本文主题最相关的张力是历史的重构与内心世界的重构之间的张力。

弗洛伊德从认为神经官能症可以通过告知患者隐藏的被压抑的记忆来治愈，到认识到心理现实和移情的中心地位，走过了漫长的道路。然而，关于"发掘和揭示压抑记忆会带来突然的释放，并打开新生活的大门"的神话并没有完全被埋没。

另一个仍然流行的神话是，在分析过程中，分析对象对他的外部客体的印象发生了戏剧性的变化,例如,从侵入性和迫害性的变成了善良的。根据我的经验,这种量子巨变也是极少发生的。变化更多是思维的流动性和灵活性,从而可以把外部客体看成是更复杂的,看成是位于自己生活史中的。对有些人来说,客体令人不安的一面可能是存在的,但它的意义被夸大了;对有些人来说,则是因为他们自己的细腻敏感而在这个方面意味着一种权力——对一个人来说,那是一个斑点,对另一个人来说,那是一块巨石,挡住了所有的视线;对有些人来说,这是一个与令人不安的过去的现实和解的问题,但要学会阻止潜意识中通过反复行动化去维持这种内在状态。

那么,历史的(重新)建构与内在现实的重构之间的区别得到了更好的理解,不应被理解为类别差异,而是分析的不同维度:在任何特定的分析中,某一个维度都可能占主导地位。然而,尽管可以设想一种分析,其中历史重构所起的作用要小得多;但不可能设想一种分析,它不包括分析工作的主要部分,即对病人的内在生活被带入咨询室的方式的理解。

精神分析的目的是认识自我。分析师的目的是让病人看到自己——而不是改变他。理解永远是涌现的、流动的,总是取决于"未来发展的过程"。但保持这种立场是异常困难的。分析师可能知道,他所能做的只是尝试观察和理解,但有强大的压力,促使病人和分析师从根本上误解了分析进程。分析师可能认为他必须"让"病人看到;而病人则可能认为他必须做一些事情,更努力地思考,或者准时来参加他的分析,或者改变他的婚姻伴侣,或者放弃某种思考的方式,或者放下他的防御。但在纯粹的文化中——当然,它从来不是纯粹的(!)——分析的目的只是让病人看到和理解自己……但事实证明,这正是深刻的解放。

精神分析中的时间难题❶

伊莱亚斯·马利特·达罗查·巴罗斯❷（Elias Mallet da Rocha Barros）
伊丽莎白·利马·达罗查·巴罗斯❸（Elizabeth Lima da Rocha Barros）

我们首先要引用当代的两位伟大历史学家的著作。

爱德华·哈利特·卡尔（Edward Hallett Carr）说：

尽管乔治·克拉克（George Clark）爵士持有批判性的态度，他将历史中事实的硬核与周围有争议的解释内容进行对比——但他也许忘记了内容部分比硬核部分更有价值。（Carr，1961：9~10）

而费尔南·布劳德尔（Fernand Braudel）写道：

对我来说，历史（History）是所有可能的历史（histories）的总和。（Braudel，1969：55）

这两段引文都说明，对过去的建构或重构达成一致，以及对人类遥远的过去可能发生的单一事实或一组事实的作用达成一致是多么困难。我们将通

---

❶ 本文献给露丝·里森伯格-马尔科姆。
❷ 伊莱亚斯·马利特·达罗查·巴罗斯是巴西圣保罗精神分析学会（Brazilian Psychoanalytic Society of São Paulo）的督导和培训分析师、英国精神分析学会和研究所研究员、拉丁美洲《国际精神分析杂志》前任编辑，发表过多篇论文。他还是1999年西格尼奖（Sigourney Award）获得者。
❸ 伊丽莎白·利马·达罗查·巴罗斯是巴西圣保罗精神分析学会的督导和培训分析师、教员，英国精神分析学会和研究所研究员，塔维斯托克临床中心儿童分析师；发表过多篇论文。

过一个病人的梦，看到他是如何从潜意识的主观角度，从情感的层面来看待这个问题的。

我们想强调时间性的一些方面，及其与我们今天获得情感体验的方式的关系，这意味着强调露丝·里森伯格-马尔科姆（Ruth Riesenberg-Malcolm）工作的重要性，这是深化弗洛伊德在分析中的建构方法的成功尝试。我们也试图补充她的观点，根据我们的临床经验和其他作者的研究，提出了一些个人反思。我们想要强调以下几点：

1. 从谱系（genealogical）的角度处理时间问题，比从时间（chronological）的角度处理时间问题更有成效。理解在不同时间存储在记忆中的多个层级的序列事件与心理结构之间的关系和相互作用，比试图在病人过去的记忆中精确定位单一的事实，甚至是一组事实，更富有成效。

2. 我们想指出的是，弗洛伊德认为，表达性的回忆在病人的生活史中具有填补空缺的作用，但与之相比，它对于被带到当下，并作为情感中的记忆（memory in feelings）而重现的体验来说，是更为重要的。

    安德烈·格林在他的著作中非常有说服力地写道：

    普鲁斯特（Proust）告诉我们，关于潜意识记忆（玛德琳事件），它与其说是一种回忆，不如说是它对时间的意义。（Green，2000a：173）

    格林接着说：

    选择的过程，将它们（不同的被诱发的经验和感觉）相互联系，将其中的每一个都插入意义链中。孤立来看待它们的意义是有局限的，甚至是误导性的。（Green，2000a：173）

    新的联想性链条将重新阐明我们意义的历史，从而重新阐述我们与历史的关系。正是我们生活史中的经验所产生的意义的相似性和互补性，促成了统一和连续性的感觉，这是构成主体认同所必需的。因此，我们的结论是，在分析过程中，我们能够从重建被压抑或分裂打破的联想链条中获得更多，而不是从对可推测的历史真相的重构中获得更多。

3. 历史和实际感受之间的关系以及由此产生的心理情绪状态，可以通过对唤起-表达方面的检查，形成符号化的心理表征，这些表征既可以是话语性的，也可以是非话语性的（表征性符号）。这些符号性的表征包含了回顾性和前瞻性的元素，这些元素与时间的流逝被嵌入我们心理结构的方式有关。

在涉及心理表征及其与病人生活史的关系的整个领域的意义，以及被这些表征性形式占据，或被阻止进行表征的唤起和符号形式系统的整个领域，已经有一些作者产出了非常丰富的研究成果（César & Sara Botella, 2005, André Green, 2000a; Antonino Ferro, 1995; Thomas Ogden, 1992, 1997, 2004）。

4. 在当代精神分析中，对过去的解释从来没有如此突出，这证明了露丝·里森伯格-马尔科姆工作的重要性。

在《癔症研究》（*Studies on Hysteria*）（Freud，1895d）的第 4 章 "癔症的心理治疗"中，弗洛伊德通过把记忆的结构与心理病理的构成联系起来，提供了他认为时间的流逝如何在我们中表达的第一个模型。弗洛伊德假定，记忆在一个由时间层组成的归档模型中自我组织起来，这些时间层以同心圆的形式排列，围绕着从一开始就被径向轴切割的致病核。这些径向轴可以将不同时刻的记忆按主题组织起来。这样的组织使我们历史的不同时刻有可能被感觉到是同时存在的。这样一来，过去和现在就可能在心灵的现实中几乎共存。格林评论道：

> 同心层和径向路径的对立是非常原始的东西，是在这个时代的作品中找不到的，而且我认为现在已经没有了。（Green，2008：1030）

这些径向侧径的存在表明，这些径向轴穿越并相互连接不同的时间层，这说明过去的恢复并不仅仅发生在强加给有意识的自愿记忆的努力中。对潜意识活动的过去的恢复，如果基于联想的丰富性，用它们的唤起把我们生活的不同时刻和意义联系起来，可能会更有效。

弗洛伊德（Freud，1914g）在他的著作中始终认为，克服婴儿失忆症是消除内在生活时间线混乱的重点。他认为，通过消除压抑，才能实现心理上的连续感。

在《分析中的建构》中，弗洛伊德引入了考古发掘的隐喻（这一模式已成为精神分析史上的经典），以类比访谈中的分析性工作。他说，在精神分析过程中，我们也会寻找一些碎片，使我们能够建构被压抑的从意识中消除的可推测的过去。基于这些碎片——就像挖掘一样——我们可以对它们所产生的文明/心理现实做出假设，我们甚至可以重构它。在谈到推测时，弗洛伊德引入了这样一个观点，即我们在访谈中所做的部分工作并不是重构的工作，而是一种建构的工作——因此是假设性的——假设与病人的生活史一致的工作。

在重新审视他的第一模型时，他假设中的第二种方法使我们意识到，我们头脑中的时间性问题更加复杂。病理的多重决定性与我们对病人的解释是一种建构的想法相吻合，使我们面临着一个与其说是时间的，不如说是谱系的持续时间概念。这种从时间概念到谱系概念的转变，引导了与记忆的不同关系。

例如，在梦中，即使行动发生在绝对的当下，但这（行动）提醒我们另一个时间架构在工作，也就是说，作为我们当下情感建构的结构性元素。对梦境的考察，能够帮助我们以不同的方式理解和联系我们的过去，重新诠释我们的生活史。通过我们的梦，我们可以进入即时的或遥远的过去，我们无法通过纯粹的记忆来获得这些过去，但可以通过梦境中的图像或巴罗斯所说的情感象形图（affective pictograms）来揭示（Barros，2003）。象形图这个词被用来指代情感体验的一种非常早期的心理表征形式，是阿尔法功能的产物（Bion，1962，1992），它通过梦境思维的形象化来创造符号，作为思维过程的基础，也是迈向思维过程的第一步，而思维过程中包含着强大的表达性——这些唤起性元素是适当的表达性符号。情感象形图在构成以及具象化的过程中，潜在地包含着隐藏的和缺失的意义，这些意义一直处于暂停状态，其缺失并不能归结为对存在的隐瞒；而更多是一种暂停状态，一种关于缺失的提示，一种永远无法克服的、不断迫使心理结构扩展其表征方式的不连续性。表征构成了对永久存在的缺失的回应，由一种永远无法克服的不连续性构成。

在梦的世界中，就像古希腊神话中一样，知道（knowing）、记忆（remembering）、看见（seeing）是等价的。梦的功能就像荷马史诗中对记忆女神谟涅摩绪涅（mnemosyne）的解释那样，为我们呈现了一种活生生的过去的直接经验，并作为现在经验的模塑结构——一种模板。希腊人并没有说他们做了一个梦，而是说他们看到了一个梦（Dodds，1951）。这个过去不一定是事实的历史过去，而是一个神话般的过去。

无论是弗洛伊德还是当代分析师都不相信历史的过去和在移情的当下重温的过去之间存在线性关系。弗洛伊德写道：

> 我们常常无法成功地引导病人回忆起被压抑的东西。相反，如果正确地进行分析，我们就会从他身上产生一种对建构的真实性的确信，从而达到与重新获得记忆相同的治疗效果。（Freud，1937d：265～266）

我们也可以问自己，这段过去在何时获得了心理意义：是在发生时（或症状形成时），还是在经历了修通的心理过程之后？后者赋予了它象征化的心理表征。例如，格林写道："发生的时刻并不是它获得意义的时刻——意义与其说与眼前的经验有关，不如说与事后对它的解释有关。"（Green，2000a：45）

无论过去的概念是什么，我们总是在谈论一个活跃在当下的过去。因此，这段过去并不是僵化的，因为记忆只是已经发生的事情的一个版本。

我们所说的此时此地，是过去与未来之间不断变化的边界的表达。这种对过去的即时化的情感体验，构成了一种符号化的心理表征，这种表征抓住了一个瞬间，即我们是什么，我们已经是什么，以及我们将要成为什么之间的定格时刻。在这个意义上，符号化表征并不局限于利用一些替代性的事物来表征另外一些事物、时间或地点，还表达了即时出现的一些事物。卡西尔（Cassirer）的思考对精神分析有着深刻的影响，他指出，符号不能简化为只是一个传递意义的信封（只限于代表功能），因为它也是思维的重要载体（vehicle）（器官，organ）。我们使用"载体"一词来强调它的功能性、操作性的方面，它维系着其他的心理功能，由符号化的形式构成，并深深地插入心理装置和潜意识当中。符号化表征本身也对心理世界产生着影响。这种表征不仅是回顾性的——一种固定在过去记忆中的回忆——而且是当前的和前瞻性的，因为它拥有一个事实上的未来和我们可能成为的样子的潜在意义。因此，象征性的心理表征使我们能够发现一系列逻辑和类比关系，表达了实际已经被编码的过去、现在和未来经验之间的连接。

卡西尔从哲学的角度来探讨这个问题：

> 这是将一个非存在物固定为我们意识的当前存在物的力量，令我们（不是被赋予存在的东西）产生统一的感觉，我们一方面将其指定为主观的统一，另一方面将其指定为客体的客观统一。（Cassirer，1972：49）

虽然作者没有使用精神分析意义上的"主体"和"客体"等术语，但我们很容易从这一哲学陈述中看到精神分析的现实意义。

露丝·里森伯格-马尔科姆是当代克莱因学派分析师，她最了解这个时间性问题，她把时间性与心理变化的过程联系起来。她关于时间性的观点除了精神分析的观点外，还有重要的哲学意义。

她告诉我们，要发生心理变化，就必须在关系的当下解释当下的移情。贝蒂·约瑟夫（Betty Joseph）已经强调了这一点。在这样做的过程中，分析师同时解释过去和现在。这一表述隐含的意思是，只有通过在访谈中解释病人与分析师之间此时此地的关系，才能达到对病人冲突发生和解决的理解，在这个过程中发生的一切都是活生生的、活跃的。在这个意义上，深深地触动病人的深度解释不是他是什么（what he is），而是他现在是什么（what he is being）。

她的主张改变了弗洛伊德提出的问题的焦点。我们做的是重构还是建构并不重要，重要的是，我们的解释是否能够将依然活在当下的过去，在其移情性显现中，与推断的历史性过去整合在一起。重点是，归因于当下情感体验的意义，是否通过其推断的历史性过去的意义，有着连续性的关系。这种整合产生了情感体验领域与随后开启的新的情感体验网络之间连接的扩展。

因此，真正重要的是，现在对过去的解释使我们能够继续重新阐释我们的历史。

当我们精神分析式地谈论"我们的过去"时，我们谈论的不仅是我们童年的事实层面的过去，而是在谈论被留存下来的、被弗洛伊德称为当下的婴儿（infantile in the present）结构，区别于婴儿期（infancy）。这里我们必须提醒自己，被重复的不是想法（thought）。这里的婴儿必须被理解为我们的原初关系的综合，它们的留存方式根植于我们的潜意识当中，构成了格林（Green，2002）所说的意义内核。

我们知道，分析儿童重复了其历史性过去的一些方面，但其在分析过程中的演变是不同的（Segal，1973）。因此，移情带有不同的时间维度，包括一个历史维度。

露丝·里森伯格-马尔科姆写道：

> 病人的一些材料，尤其是他的梦境，具有强烈的唤起性，给我带来了早期婴儿关系的意象，但是，正如可以看到的，我并没有用原初经验来表达我的解释。（Riesenberg-Malcolm，1985：51）

在这段话中，我们强调了吸引我们注意的两个术语：原初经验（archaic experience）和唤起（evocation）。我们可以问自己：原初经验是以什么方式呈现的？这种呈现又是以什么方式改变了它的心理符号表征，并表现为表达性的唤起？最后，唤起过程与时间性有什么关系？

必须指出的是，在移情中，唤起始终存在于分析师和病人的头脑中。正如我们所看到的，我们必须区分唤起和回忆。唤起通过联想过程与记忆保持关系，它可能包括我们生活中许多不同时间的生活情感体验，而记忆则更具体到某一特定时间或事件。

我们现在想通过非讨论性-形象化的和语言-讨论性的心理表征展示这些过程的运作，因为它们出现在病人的梦中，出现在反移情中，由投射性认同引起，或通过唤起出现在分析师的遐想中。

为了能够做到这一点，我们必须综合地提出与符号象征逻辑相关的一些概念。

兰格（Langer，1942）提出了表征性（presentational）符号与话语性（discursive）符号的区别，它们分别遵循不同的逻辑。两者都可以表达思想，但它们的方式不同。表征性符号与情感的表达形式相关，是非讨论性的，并且具有基本的内涵性（connotative）——也有人更愿意称之为"情感性"——的特征，它指的是主观性的意义并传递信息，因为它通过联想唤起了其他现实。顾名思义，话语性符号是话语的，起初具有外延性特征，因为它指的是客观意义，在最低层次上，只是指字典中的词语。话语性符号也可以包含表达性。表征性符号是直观的——通常是直觉的一种凝结形式——并以我们的情感生活模式为基础，正是在这种形式下，情感被唤起。它的目的不是像日常语言那样，把想法作为命题或概念来呈现。

表征性符号并不是命名：而是体现"它们是什么"。（Innis，2009）

符号意义最基本、最原始的类型是表达性意义，它是卡西尔所说的思维的表达性功能（*Ausdrucksfunktion*）的产物，它关注的是对我们周围世界中的事件的体验，因为它带有情感和情绪的意义——是满意的还是可恨的，是安慰的还是威胁的。我们认为，是符号的表达力决定了病人会不会从情感体验中学习，这包括将他有活力的过去融入现在的自我当中，从而促进重大的转变。

为了能够思考情感体验，从而使自己摆脱其有限的意义，这种体验必须获得一种内涵性的品质。只有在这一演变之后，我们才能连接到作为起因的其他经验，打开其他的情感关系网络，并有助于符号获得或恢复它全部的意义。

除了它们的表征性之外，这些图像还包含了相当大的表达性（expressive），与当时（和那里）以及此时此地的情感体验有关。我们的解释不仅仅是对潜意识中已经存在的幻想进行解码和揭示，这些幻想导致病人在当下重复过去的意义。

受安德烈·格林（Green，1983）使用的术语和我们所呈现的临床材料的启发，我们想提出三个相互渗透的意义层次，它们同时在心理生活的构成中运作。除了隐藏（hidden）的意义之外，心理内容还有另外两个意义范畴，即缺失（absent）意义和潜在（potential）意义。但是，我们必须强调，我们使用这些术语的语境与格林使用的语境是不同的。

关于分析师在此时此地的访谈中的解释，既然它并不仅仅取决于对过去的揭示和重构，那么这一信念从何而来？是什么可能让主体产生连续性体验？它在心理变化过程中的作用是什么？我们认为，里森伯格-马尔科姆所说的信念和弗洛伊德所提到的心理真相的治疗效果，源于对符号性表征——梦境中出现的语言和非语言表征——的表达特性的重新获取和扩展，以及情感体验之间的联系，这些体验虽然是多重的，但同时又通过意义链统一起来。这种重获回应了卡尔·布勒尔（Karl Bülher，1934：35）所说的表达（*Ausdrucksnot*）——在我们精神分析的视角下，解释的隐喻性特征满足了这种表达性需求。解释的这个方面源于里森伯格-马尔科姆所说的存在（于病人的梦中或在分析师的遐想中）的意象的强大的唤起性，它给分析师的心灵带来了与情感体验的意义相关的意象，而这种情感体验正是病人内部世界或内部客体的基础。

皮斯蒂纳·德·科蒂纳斯（Pistiner de Cortiñas，2009：18）写道：

这种图像字母组合成不同的形式，能够唤起过去、现在和未来的经验，形成想象力和洞察力所需的"心灵之眼"。

现在我们就从一位病人的访谈中摘录一些内容，来说明和澄清前面的理论论述。

A 先生在 28 岁时开始分析（每周 5 次），他单身，是一名城市和建筑学教授。他之所以寻求分析，是因为他感到孤独，无法交朋友，不确定自己的性别认同，他在写文章、发表文章方面也有很大困难。他的职位需要写作一定数量的文章，并且会不断被评估，而他的学术地位就取决于此。他谈到自己父母时显得很疏离：他的母亲是个酒鬼，父母的关系奇怪而糟糕。他说他的父亲很神秘，自己对他知之甚少。他父亲周围的神秘气氛使他沉浸在阴郁

的想法和感觉当中。A先生说，他因不得不思考和写作而感到非常痛苦和不快，并自发地联想到这与他对自己性行为的不快具有相同的性质。在其他方面，他提到，当他试图写一些东西时，他对自己的性别认同也产生了同样的怀疑。

以下是A先生第五年分析中的访谈节选。第一次访谈发生在他写一篇文章并最终获奖的前两天，其他的是之后的两次访谈。

这场访谈在周一，A先生报告自己因没有能力写出一篇要在研讨会上发表的论文而感到巨大的焦虑。他在写这篇论文时遇到的困难是前一周整个分析的内容。

星期一，A先生在访谈开始时说，他从星期五晚上开始写作，星期六继续写作。他的论文内容涉及战后欧洲城市的重建。他告诉我，他觉得自己更有活力、更高效，他在周六想到了我，想到了我可能会做的事情，也想到了周五的访谈让他觉得有意义。他报告说，他想象我一定是和妻子在床上发生性关系，就像所有夫妻在星期六发生的那样（这句话显然是轻蔑的）。这是他在那一刻对我的唯一表述。他说，就在那一刻，他停止了写论文，论文仍然只有三页纸，他觉得心里很堵。他补充说，所有继续写下去的努力都是徒劳的。然后，他说起了今天来访谈的路上发生的事情。他在人行道上看到一封信，信的开头写着"亲爱的家长"。那是一封学校聚会的邀请函。起初他觉得"亲爱的家长"这个表达是过于缺乏性的，因为它没有说明父母的性别。后来他又重新考虑，认为它在突出夫妻的本质方面，性特征过于明显。（这一切都笼罩在一种对我的——显然是莫名其妙的——怨恨的气氛中。）

这次谈话让我们连接到了不久前的过去（周五和周六）和一个遥远的过去（他幼时父母的过去）。对分析师和父母的回忆唤起了病人的不适和怨恨，它们现在也开始指向分析师。这种话语使分析师产生了不适，有些恼怒，还有些沮丧。

精神分析中的时间难题 / 119

A先生还说，他感到很难过，因为他的父母从来没有参加过他的校庆活动。接下来，他给我讲了一个梦。这个梦与一个被核武器攻击并俘虏的外星物体有关。在梦中，病人是一组科学家的一员，他们正在努力确定这个物体的原形。这是一个活的物体，因为它在繁殖。也许它是一种结合了雄性和雌性的东西，在交配的同时，也在自我繁殖。由于核攻击造成的畸形，不可能根据它现在的样子来重构这个物体。众所周知，放射性会干扰基因，所以也不可能根据它的后代来重构它，因为这些后代也可能因攻击而变形了。对A先生来说，梦境的噩梦性质源于重现原物的形态的不可能性，而他正试图做到这一点。

他在叙述的最后说，整个周末，他感到非常沮丧，没有希望，他认为自己是个怪物。

从这个病人的个人角度以及从精神分析的角度来看，这个梦提出了一个非常有趣的两难问题，即病人与时间流逝的关系。在这种情况下，他有可能永远成为现在的囚徒，这让他面临着一个无法解决的问题，在此时此地，不可能重构过去。在这种情况下，他看到自己的现在是过去的无尽重复。由于这个现在无法改变，所以他的未来将是过去，而不需要经历真正的活生生的现在。自恋谴责着病人，让他过着一种得过且过的生活——或者换一种说法，病人的未来将永远是过去的重复，他永远不会活在当下。这种强迫性重复使病人永远无法修通他的经历。

在梦境的意象和梦境的描述中，有一些现时的元素，它们唤起了某些与现时意义相关的感觉，而这些感觉源于访谈中的体验。这些例子体现了一种对生活经验的感受和寻找意义的方式，这种方式从遥远的过去开始就一直活跃着，并且现在仍然活跃着。梦中有丰富的现时象征，绝望似乎是真实的，唤起了分析师的强烈愿望，让他想去理解材料并帮助病人摆脱这种状况。

我总结的解释并不是一次性给出的。当我观察到他对我所说的情感反应时，我会评估我是否可以继续下去，增加我对材料的另一个方面的理解。

我解释说，他现在的绝望和沮丧来自在压力下生活的感觉，要从一个显然不可能的情况中找到出路，我主动提出与他一起研究这个问题，以星期六发生的事情为起点。我指出，就在周六他觉得自己最有活力、最有能力的那一刻，在他写作的时候，他想到了我，想到了我们周五所做的工作，然后就停止了工作，没有完成他的文章。我说我觉得就在他评价我们上次访谈一起做的工作的那一刻，他觉得自己被婴儿化了，被排斥在与我的成人关系之外，被排斥在我与妻子的关系之外。我指出，婴儿化是感到被排斥的后果，当他注意到，他无法永久地接近我，以及被我帮助时，他产生了一种被羞辱的感觉。

在这里，他也面临着放弃过去的困难，成为这样的父母的儿子，也难以接受来自我的另一种养育方式。在这里，我们没有看到哀悼过去的工作，但我们看到的是他沉迷于怨恨的表达。怨恨者固守在创伤情境中，这种僵化的态度阻碍了任何修通工作的进行，使病人永远生活在停留在过去的状态当中。与此相反，灵活的心理状态则将个体置于时间背景中，允许在不同的心理状态之间转换。塔比亚（Tabbia，2008）认为，在内部世界中，哀悼是跨越分裂部分之间边界的通行证。

后来，我把这些经历与他过去和现在共通的怪物的感觉联系起来，通过这个怪物的形象和他在今天这次访谈中对它的认同来表达。然后，我根据他梦中唤起的感觉，试图描述这是如何发生的。我认为，在他的梦中，畸形的外星物体代表了我和他在他的再创造过程中作为一对分析性的搭档/组合，也代表了我和我的妻子现在的快乐关系，以及他的父母过去的快乐关系，即包含在一种相互满足的性关系中，而他被排除在这种关系之外——这个事实让他感到自己的孩子气，同时也感到愤恨。我指出，这个人物因为一次核攻击而变得畸形，这代表着他对上述这些夫妻的仇恨在今天依然存在，这些仇恨住在他的脑海里，排斥着他，让他产生了一种无能的感觉，使他一直被禁锢在过去。在这里，我们对创造性的组合有一种现时的仇恨，这既唤起了他当下的仇恨，又让他在经验中回忆起被压抑或分裂的过去。

我的解释唤起了他当下对被排斥的，和随之而来的被抛弃的感受，这些感受可以追溯到过去——他如何一直感到被排斥在父母的关系之外。我也指出，他很难放下过去的图像，而活出另一个现在。

由于我的病人似乎理解了我说的话，我思考着他的评论，试图加深对他梦境的理解，提出梦境中其他方面可能包含的意义。我说，这个人物所处的荒凉状态让他感到内疚，同时也迫使他去做一些事情来修复破坏了的部分，重建它的原貌——这似乎是不可能完成的任务。最后，我描述了梦中对这一问题的想象性的解决方案：只有在清楚地知道后代没有受到攻击的影响时，换句话说，如果他能感觉到自己摆脱了他那残忍仇恨的影响，并幸存下来，原初的形态才能被建立起来。这将带来他内在的原初形象的重建和修复，抛弃与过去有关的基于怨恨的关系。

从我们所使用的理论观点来看，我们现在提出，当意义与自我的其他部分关联时，意义被拓宽了，因为阻止与其他情感体验接触的障碍被打破了。

在这种情况下，我们认为符号是直觉的凝结，除了表征的形式之外，还可能采取或不采取表达的形式。我们现在要问的是，表达性❶在非话语层面（他梦中出现的图像），在它与话语性（梦和我们的分析之后的言语化）在心理世界的关系中，以及在它与有意识和潜意识生活的关系中的角色是什么。在这里，我们还应该再说一句关于"表达性"的话。我们使用的这个词来自科林伍德（R. G. Collingwood，1933）和贝内德托·克罗斯（Benedetto Croce，1925），它指的是艺术的一个方面，不仅是为了描述或表达情感，而主要是为了传达情感，在唤起情感色彩的心理表征的基础上，在他人或自己身上产生情感。这种在他人身上产生情感的表达性的特质，对于我们理解艺术，以及理解心理生活中的情感记忆和符号形式的功能似乎是至关重要的。表达力的功能之一是激活想象力。可能无论是在精神分析中，还是在艺术家和作家的创作过程中，都是符号主义的表达性特征在想象的形式和情境中唤起了一种使人顿悟的力量❷，这种力量比现实生活中的情境更加强烈，

---

❶ 直觉性的知识或表达，与理智化的知识或观念性知识之间的联系，艺术与科学、诗歌与散文之间的联系，只能用谈论两个层次之间的联系来表达。第一个层次是表达，第二个层次是观念：第一个层次可以没有第二个层次，第二个层次不能没有第一个层次。没有散文也有诗，但没有诗就没有散文。事实上，表达是人类活动的第一论断。诗歌是："人类的母语"（Croce，1925：29）。

❷ 所谓"顿悟"，是指通过突然出现的直觉对自然界或对某种意义的本质性的表达或认识，这种表达或认识既简单又令人震惊。

所以才会产生如此重大的变化。

从我的观点来看，我的病人所呈现的梦境，既是当前内部问题的符号性表达，也是对其进行心理工作的尝试。

现在我们来看看 A 先生的新材料。

这是两天后的一次访谈。此时 A 先生已经克服了使他"瘫痪"的抑郁症，他已经写好了文章。

在这次访谈中，A 先生提到有人生了一个孩子，非常幸福，但她被她的丈夫骗了，让她相信生孩子是一件很美好的事情。A 先生提到自己太聪明了，不会被这种故事骗。然后他告诉我，他知道这个孩子被孕育背后的真实故事。丈夫最近有了外遇，妻子感到被伤害和羞辱了。这个孩子本来是计划着要治愈夫妻关系的。他问自己，在发现了对方对自己的背叛后，怎么会有人忘记这件事呢？他还说，只有傻子才会上当受骗。

我解释说，他太聪明了，不可能让自己被我愚弄，也无法被引导着去相信自己是更有创造力、更有能力的，相信这是我们之间富有成效的关系所带来的好结果，相信将他排除在与我的长久接触之外而产生的怨恨是可以被治愈的。

A 先生目前报告的情况，虽然提到了最近的过去，但却唤起了我们在本次访谈的现实中所发生的情况，表明补救是不可能的。这里出现了一种对潜意识信念的沉迷，在这种信念中，病人不能和婴儿／工作一起享受快乐，因为这是另外一种现在／未来的状态，这种状态与那种依然活跃的过去-现在的怨恨状态是不同的。

接下来的周五访谈，A 先生没有出现，周一他又以一种明显挑衅的态度开场。

他说他又做了一个能让我评论的梦。这句话重复了两三次。我觉得病人是在邀请我对他发火，批评他。最后他告诉了我这个梦。

在这个梦里，A 先生在沉默了一会儿后说，他在一个玻璃瓶中捉了一只昆虫，是一只蜜蜂。他说，他能看到蜜蜂试图逃跑的绝望，认为现在它将无法建立蜂巢，从而无法生产蜂蜜。他在梦中觉得很快乐，但想到自己很容易被旁人批评说自己在某些方面太残忍了。"说实话。"他说，"我是在保护蜜蜂不受蜘蛛伤害。"

接下来，他用五根手指做了一个动作，表示蜘蛛的腿。你也会对我不公平，说这只蜜蜂——这只昆虫——是你（分析师）抓的。在梦中，他知道自己会被动物保护协会起诉。但他会为自己辩护，他觉得自己有很好的理由、很好的论据来反对指控。唯一让他担心的是，只有在蜜蜂还活着的情况下，他的论据才会成立。如果蜜蜂死了，他就会失去理由，输掉诉讼。

我们认为这个梦境揭示了一个自恋组织的本质，它支配着 A 先生，并产生了逆反心理，再次造成了一个恶性循环。

病人明确地邀请我批评他，从而把我变成了用五次访谈（由他的手的动作表示）攻击他的蜘蛛。我想，蜜蜂代表的是他幼稚的自我，既匮乏又依赖，他想建立一个家（由蜂窝表示），他和我在一起有家的感觉（也指他的文章，标题是战后城市的重建），并在我们的关系中产生一些甜蜜的东西（由蜂蜜表示）。他的宏大和优越的自我宣布，我把他当作一只昆虫。这样，他就能更好地保护自己不受我的指责，而他的自恋组织（用玻璃罐/杯子代表）也能保持完好无损。我按照这个思路解释他的梦，他非常惊讶我没有对蜜蜂做出指责性的解释，即蜜蜂作为他攻击分析师的象征。

自恋组织作为盾牌，具有为他提供保护的特点，研究自恋组织的本质，对于帮助这个病人摆脱抑郁、变得理智高效来说，是至关重要的。

有必要说明，保护他的东西也在囚禁他，生活在罐子/杯子中也使他的情感生活处于危险之中，使他失去创造力。找到解释这种自恋组织的表达方式并不简单。如果我说他对自己残忍，他可能会声称我想像保护动物一样保护他，而不是像保护人一样保护他，这就是我对他的非人化和羞辱——换句话说，我的功能正像菲勒斯（phallus）一样（Birksted-Breen，1996），在重申我自己对他的优越感。我认为打破这种恶性循环的一条路径是，展现出他对蜜蜂可能死亡的关注,因为他将输掉诉讼——他将不再有理由坚持他所生活的孤立环境具有保护性。这对他的影响很大。

这些感觉与 A 先生的性经历有关。他在其他情境中带来的经验表明,他对女性的性高潮非常焦虑。他说,面对性高潮,他觉得自己很渺小,之后就会对这个女人充满巨大的仇恨,经常伴随着想杀了她、掐死她的欲望,这让他非常害怕,以一种准幻觉的方式感觉到自己是一个潜在的杀人犯。在移情中,这以无法容忍我对他的任何进步和创造性感到高兴的形式出现。当他写文章时,他感到被抢劫一般的威胁,转而对我感到怨恨。我认为,如果他对一个女人或分析师感到亲切,或当他感受到被帮助时,他会感觉自己的权力被剥夺了,也会体验到失去优越感的威胁。当他写出文章,在他参加的大会上取得巨大成功时,也发生了类似的情况。在他和我之间,或者他和女人之间,没有什么美好的东西可以出现。在产生性高潮时,他的阴茎,作为他的快感和女人的快感之间的纽带(Birksted-Breen,1996),在菲勒斯的、拥有无所不能的力量的状态下,认为自己受到了威胁。在这种情况下,他转向了同性恋幻想,并非常接近于实施这些幻想。在他的幻想中,他追求那些对他的力量感到惊奇的青少年。他最喜欢的一个幻想是向一个年轻人展示他的勃起,这个年轻人非常羡慕地看着他,在他面前,他有一个壮观的射精过程,把他的精子射出好几米。在这一瞬间,年轻男性的仰慕之情转化为恐惧。他在意识中幻想自己是哈德良(Hadrian)皇帝;当他射精时,他在白日梦/遐想中变成了尼禄(Nero)。我想,在同性恋中,他表达出对阴茎的迷恋和对作为纽带、快乐和爱的关系来源的阴茎的蔑视。我认为在哈德良转化为尼禄的过程中,可以看到全能(在哈德良的形象中,也与创造力联系在一起)是如何直接与针对任何依赖关系的破坏性仇恨联系在一起的,这将他的快乐转化为一种武器。他的创造力被他的破坏性的全能感深深地破坏了,以狂躁的、具体的解决方案的形式表达出来。

被一位成人排斥,和被排除在与我的愉悦关系之外的感觉,是理解、治愈这个无法写作的病人的抑郁症的核心。这种感觉在恋母情结问题上有很深的根源。在他感到被排斥的情况下,阴茎作为纽带所扮演的角色,在解释中被表达出来,它是创造力和快乐的来源,在他的脑海中变成了菲勒斯（一个永久勃起的阴茎），羞辱了他，突出了他的渺小，并成为自我力量的表达。

布利斯蒂德-格林（Birksted-Green，1996）的工作为思考这个病人的病理学提供了一个模型，它将驱力与其在客体关系层面的表达结合起来。他的男性生殖器要么在内部的前象征水平上作为菲勒斯（当它受到排斥感的威胁时）而成为——不是代表——他的全能力量的工具（一种狂躁性的应对方式）；要么在象征层面上（当排斥不具有迫害性时），阴茎作为纽带。这里的阴茎作为生殖器的代表，自恋力量的工具，作为一种盾牌，抵御任何威胁其全能感的情爱/情感依赖关系。此时此刻，父母夫妻的象征意义是仇恨和深深的排斥感。父母被内化为因仇恨而结合在一起，维持着一种可怕的性交，杯具（类似于交媾、交配）被表达为一种无休止的、相互谋杀的行为，面对这种行为，病人/孩子感到恐惧和渺小。只有强大的、具有破坏性的生殖器才能让他全副武装地参与这场盛宴，并保护他免受恐惧的支配和被羞辱的后果。在这种时候，他变得智力低下、无法写作，并被同性恋的幻想征服。在这种情况下，给爱的客体带来快乐的功能被随之而来的依赖伤害。这导致他对客体的攻击，他体验到的不是一个不够慷慨的捐赠者，而是一个暴虐的统治者。

当他与父母的竞争减弱，他感到能够容忍被排斥的感觉，而不感到渺小时，他的写作工作就能进行下去。在这种情况下，阴茎作为性爱（Eros）的对象、愉悦的性行为的对象、生命的冲动的对象，建立了更广泛的情感体验的连接网络（纽带），使它们更加多样和深刻。在驱力方面，阴茎被内化为一种心理功能，有利于经验、思想和人之间的联系。这代表着性爱和生命的驱力，而菲勒斯则与自我毁灭的本能和死亡的驱力有关。

了解一种潜意识的运作方式，使我们的病人摆脱了以一种被过去情感经历严重限制的，使他们自动重复先前行为模式的方式生成他们的生命史。

解读我们过去历史的运作方式，具有解放我们未来的功能。历史学家卢西恩·费布尔（Lucien Febvre，1946；Le Goff，1988）对历史研究也有同样的评价，他说：

> 要创造历史,是的,在某种程度上,历史,而且只有历史,能让我们生活在一个永远变化的世界里,其中除了那些恐惧的反应之外,还有其他的反应。

因此,理解历史以及我们的病人与历史所保持的关系,可以让男人和女人,包括我们的病人,从生成自己历史的,自动的、重复的方式中解放出来。为了保持自己的情绪健康,我们必须适应这种永久的不稳定,它将不断改变我们与过去和未来的关系。

对我们来说,这就是精神分析过程的核心功能。

关于解构 ❶

斯特凡诺·博洛尼尼 ❷（Stefano Bolognini）

许多年前，一位习惯于在某种程度上强迫性地控制自己想法的病人，对他必须做出的决定充满怀疑，并被他对自己情况的僵化看法阻碍，他在一次访谈中惊呼："一个大问题！……要解决这个问题，需要马格里特（Magritte）专家的帮助！"

我很高兴地告诉他，他是对的，这次失误（这本身就意味着控制的减少）预示了光明的前景：艺术家马格里特可能会把病人相当僵化的观点拆解、拆开、解构，然后以一种新的、令人惊讶和不安的方式重构它。

显然，这就是他要我帮他做的事。

对我自己来说，我当时想到了其他病人——精神分裂的、更加缺少联结的病人。对他们来说，相比之下，一位"迈格雷（Maigret）医生"会更有价值。就像解开谜团的专家一样，这位医生将能够耐心地重新组合谜团，仔细研究缺失的东西，有条不紊地重建病人表面上不连贯的、随意的想法的意义。

---

❶ 由吉娜·阿特金森（Gina Atkinson）翻译。

❷ 斯特凡诺·博洛尼尼是意大利精神分析学会（Italian Psychoanalytic Society）的培训和督导精神分析学家；他是该学会的国家科学主任、博洛尼亚精神分析学会主席和 IPA 委员会欧洲代表，也是严重病理委员会的共同创始人，在精神科公共服务部门和日间医院为边缘性和精神病青少年担任督导；他是《国际精神分析杂志》欧洲委员会成员，在重要的国际期刊上发表了论文。他的著作《精神分析移情》（*Psychoanalytic Empathy*，2002）以意大利语、法语、德语、西班牙语、葡萄牙语（巴西）出版（希腊版即将出版）。

通过阅读弗洛伊德的作品，我们已经习惯了他设置两个非常典型的对立两极，并在这两极之间展开调查的方式。我们首先通过描述和具体说明这两极的性质来定位自己。

但是，如果说，关于"建构"，精神分析学家们已经完成了大量的工作，那么关于"解构"这一主题的文献则明显更少。在某些方面，这似乎令人惊讶，因为精神分析更多是通过"移除或带走"（*per via di levare*）的方式，而不是"放置"（*per via di porre*）的方式来进行的［这个比喻源于达·芬奇，后来由乔治·瓦萨里（Giorgio Vasari）正式提出］。这种"移除"的特定目标指向治疗中的阻抗，如个体不合时宜、适得其反的防御。通过运用一些治疗技术，小心谨慎地避免其剧烈的破坏性或带来破坏性的后果，但这种"移除"以一种特殊的方式，被假定具有解绑和平衡的意义。

所有这些都可能被认为是精神分析方法固有的和隐含的特点，以至于使解构主义的理论-临床描述变得多余，因为它实质上与一般的分析相对应。毕竟，分析（analysis）这个术语——其结尾的 *lysis*——指的是"解体"的一个方面，它本身就是解构的。

然而，我不会放弃这样的假设：自从解构的概念开始通过相似性或暗示性的延伸接近于毁灭或破坏之美的危险概念，它就可能会引起一些不安的感觉，即使这种不安还没有达到焦虑的程度。

这些反过来又会引发对分析情境的幻想，在这种情境中，病人非但没有得到自由，反而在他的基本结构中被分解和破坏——有点像当人们把一个机械装置拆开后，无法找到重新组装的方法，或者在外科手术的过程中，病人倒下然后无法恢复。

简而言之，因为其潜在的后果，这种"移除"可能比"放置"更可怕。我经常害怕地记起一个令人沮丧的比喻——我们这些候选人在开始接受精神分析训练，交流与第一位病人工作的看法时，会出现这样的表达："这个病人就像一个洋葱或洋蓟——在逐渐去掉他的叶子后，如果中心什么都没有该怎么办？！"最可怕的正是精神病性的绝对空虚（Gaddini，1986）。

解构，作为一种抽象的观念，可以使人接触到虚空、未知的幻象，在那里，各部分的逆转和重新组合变得不可行；它使人害怕毁灭性的坍塌（我们现在将看到一个建筑的隐喻如何变成对我们有用和合适的）。解构的观念也将我们指向那些十九世纪的文化主题，这些主题与个体统一的危机有关，拉康（Lacan）和"主体死亡的哲学家"在充分适应他们那个时代的艺术和文学的情况下，发展了这些主题。

此外，自上世纪初以来，个体（＝"不能被分割"）却被系统性地拆解开来，他的统一性特质被否定——就像发生在原子（atom）上的事情一样（来自希腊语 *a-temno*，"不可能被切割"）。然而，弗洛伊德和他的追随者们在对于人类看法的巨大变化中，负有明确的责任。

这种文化趋势一直在视觉艺术、建筑、音乐、文学和电影中稳定地存在着，直到今天我们自己的时代。其中一个例子是伍迪·艾伦（Woody Allen）的电影《解构哈利》（*Deconstructing Harry*，1997），该片将一个典型的当代"主体"被认可的地位和一致性逐一拆解，无情地描绘了在表面常态的包装下可能隐藏着的内部分裂，并将那些以重新组装已经崩溃的主体为职业的人的脆弱暴露出来，以示嘲讽。主人公的妻子是一位精神分析师，而——正如电影中经常发生的那样——她反过来又是残忍的"解构主义"所讽刺的对象。

然而，主体性解构（不是破坏性解构）的复杂运作，虽然很少被提及，但在精神分析中很早就开始了。尽管相当武断，我仍倾向于认为最重要的事件发生在 1915 年，当时弗洛伊德写了《哀伤与忧郁》（*Mourning and Melancholia*）（Freud，1917e［1915］），并以一种创新的、革命性的方式，逐渐成功地将自我从客体中区分出来。它对主体进行了巧妙的分解，揭示了"客体的出现"（objectal precipitate），追踪与凸显了它，并通过一个过程来追寻它的变迁，在我看来，这正是一种解构。［顺便说一句，我完全赞同奥格登（Ogden，2004）的观点，即正是在那部特殊的著作中，客体关系及其理论基础被首次提出。］

在随后的几十年里，我们见证了解构性操作的逐渐成熟。在众多相关的例子中，我们可以强调费恩伯格（Faimberg，2005）发现"异化认同"（alienating identifications）的工作，或者费罗（Ferro，2010）用于识别内部"投射"（casting）的技术——这两者都没有任何破坏性，也不是激进意义上的破坏。相反，它们在保留主体结构的同时，对主体产生了深刻的、变革性的影响。

据了解，这种解构只是分析工作的多个方面之一，正如博拉斯（Bollas）有价值的提醒那样：

我想我们可以说，将材料作为对象的解构正是寻求意义的一部分，而通过移情对自我进行详细阐述则是建立意义的一部分。寻求真相的需求和成为自己的力量并不矛盾。（Bollas，1989：25）

---

* * *

雅克·德里达（Jacques Derrida，1967a，1967b）的作品引领了这种解构主义的趋势，在哲学和文化层面上发展了许多分析要素，而我们这些在这一领域工作的人，长期以来一直认为这些要素是我们行业传统的一部分。

诺曼·霍兰德（Norman Holland，1999）的著作对这些要素进行了很好的总结，如果你想对德里达的贡献在概念上达到进一步理解，可以查阅这些资料。

无论如何，分析师总是对病人交流的形式与内容之间的不一致，对故事中不同层次的不确定因素、失误、语调和韵律的变化，对部分或碎片化的隐喻，对看起来没那么重要的细节，甚至对分析对话中隐含的和明确的节奏感都极为敏感（Di Benedetto，2000）。除非进行解构工作，然后有选择地突出每一个要素，否则这些要素就可能在混乱的会谈中变得难以区分并被混淆。

因此，分析师依赖于对前意识（包括他们自己和病人的前意识）的某种熟悉，它容纳了初级过程的各个阶段，在这个过程中，就像在梦中一样，自我和客体的元素经常被拆开、投射、混合、摇动——就像在鸡尾酒中一样——然后重新组合。

分析工作的一个创造性的部分就是以这种方式诞生的,它赋予了多少有些复杂的幻想以生命,赋予了新的、有时是令人惊讶的结构以生命:如本能般发生的解构之后,就是建构。

在分析中保持稳定的设置,也是为了能够指出和呈现病人出现的可被觉察的中断和扰动;反过来,我想我们也决不能隐瞒分析师的立场(适宜地升华并转化为某种技术)所具有的咄咄逼人的一面——这里有一种隐秘的态度,就是准备在模糊的、静止的背景阴影中,抓住正要移动的东西。

而随后走向"抓取"每一个单个元素的步骤就是在进行认知解构的过程。

解构在本质上是一种完全原始的行为,主要与施虐-口欲期联系在一起,这个阶段允许构成"被攻击"客体的元素主动分离,也可以通过分化来认识它们。

从这个意义上说,分裂主要是一种认识层面的生理操作(Grotstein,1981):牙齿解构并主动将客体的一部分与另一部分分开,而一般的感觉器官完成的工作是,将客体的各个方面从背景或某个空间中分离出来;这种具体的操作具有很多心理上的等同物。

在法国精神分析界,迪帕克(Duparc,1999)将分析师的许多解释行为与解构联系起来——这些行为的功能是区分会谈材料中明显混乱和不明确的方面。

利文森(Levenson,1988)指出了在分析中,有趣和创造性地使用解构的方式——然而,这个概念有一种特殊的含义。他提出,分析性倾听应该保持长久的节制,在对收集的材料赋予意义时尊重其自然发生的倾向;相反,在叙事性讨论方面应保持持续的开放性——例如,通过持续的深入提问,促进病人对正在探索的议题发展出越来越复杂的内容。

从概念上讲,利文森的"敌人"似乎是来自任何特定时刻(vertex)的"解释",无论是源于分析师还是病人。他认为,这样的解释存在着意义过早饱和的风险,也会阻碍进一步的探索,相比之下,这种探索是需要一直保持开放的重要过程。

分析师的注意力会指向不连续、偏离、矛盾，或任何可能识别出病人"文本"风格的方面（与德里达的解读一致），指向"画面中缺失的部分"。

正如西格特（Siegert，1990）指出的，利文森的解构主义视角当然带来了临床-方法论和知识智力方面的兴趣点。然而，它似乎并不意味着特别的重新调整或对元心理学的修正。

我要补充的是，除了对病人特定内容和结构的分析性解构之外，利文森似乎更喜欢暂停建构，从根本上说，他更倾向于对（患者和分析师的）心理风格进行系统性解构，从而防止他太容易满足于表面的、饱和的言语表达。

在我看来，这种激进的理想态度在理论上是值得赞扬的，但在实践中是令人精疲力竭的：就像一个没有任何梯度的陡峭斜坡，使攀爬的人无法喘过气来。我认为，必须现实地将其理解为一个基本建议，仅此而已。

再次谈到分析师的内部立场，费恩伯格（Faimberg，1996，2005）提出的解构主义的"对倾听的倾听"（listening to listening）过程也引起了人们的极大兴趣。这一过程引导分析师不断监测患者接受和理解分析师解释的方式（基于患者的潜意识认同）。然后，分析师在他自己的头脑中解构病人的反应，并结合其他元素，提取出关于其幻想的认同基础的重要信息，因为这是患者倾听他的出发点。

分析师的倾听不再是一个单一的过程；特别是，分析师不再谈论一个"应该是统一整体"的主体，而是一个被阐明的人，就好比是一个接收设备，该设备记录了来自各种主观潜意识领域和病人自身内部世界核心的不同频段。

这种见解帮助分析师区分自我真实的方面与那些通过入侵（"异化认同"）融入自我的方面，后者最终往往寄生般地占据和改变了主体的自我，而主体则成为他人心理元素的殖民地。

* * *

毫无疑问，进一步推进解构主义主题的研究存在一个主要的风险：概念的过度扩展以及分析师头脑中想法的过度拓展。

尽管我不想说得太绝对，但我的观点是：我们应该将这一术语的使用限制在精神分析的实际操作当中，尤其是分析一些事物的组成元素，与此相反的是，患者在心理上倾向于认为这些事物是不能被分解的客体——它们无法被拆开，因为似乎只有作为一个整体，它们才能被赋予意义；实际上，解构主义的思想引起了阻抗，因为它似乎有可能改变或冒犯患者关于该客体及与其关系的整体体验。

稍后，在本章的临床部分中，我们将谈到解构几乎总是一项非常微妙的技术选择：解构可以干扰共生的确定性，指出客体的令人不安的方面，扰动从未讨论过的内容的基本方向。

有一个相当奇怪的类比，这些分析的变化可以被认为是一种对比反应——事实上，甚至是截然相反的反应——这种反应发生在一位著名主厨的顾客身上：赫罗纳（Girona）[位于加泰罗尼亚（Catalonia）]的费伦·阿德里亚（Ferran Adrià）是一位非常精致的"解构主义"厨师，他带领客人对各种食物进行独特的重新审视，将它们拆分开，然后又放回一起（例如，使用一种特殊的技术，汤或冰沙可以在不同的温度下分层放置，这样一来，人们可以欣赏到不同的味觉刺激效果等）。有趣的是，这种特殊的感觉-认知方法会引起"实验"客人的极大热情或非常明显的拒绝，因为后者从幼年开始就获得了关于美食的确定性，他们长期以来都认为某种食物的味道理应如何，而对分化和重新认识/体验感觉元素的经历感到不安。

分析师不难回想起他们在临床工作中出现类似结果的情况，偏离熟悉的心理内部或人际间模式会引起患者的防御性阻抗。

* * *

我将以一种基本的方式区分由患者进行的自发解构和由分析师进行的主动解构。在本章的临床材料中，我将介绍这两种情况。

同样地，从一般意义出发，我将进一步说明通过分解进行解构的过程，与通过关键点进行解构之间的区别[它们以缓解（loosening）和消解（dissolving）两种不同的方式进行]。

在通过分解进行解构的过程中，人们通常会在很长一段时间内，见证一个逐渐消解的过程。一些有凝聚力的元素维持了某些特定幻想的完整结构、特征特质和主体的人格系统。变化不是通过针对特定方面的工作，而是通过分析工作的整体效果发生的。例如，通过消解的方式对迫害性意念进行的解构，很多时候并不是因为它能够以某种特定方式引起我们的关注（正如已经指出的那样，通常不会产生有用的结果，而是带来了不便），而是因为分析的过程已经（尽管很小）改变了患者的一些内在心理的基本状况。

我想在此指出，解构并不是要缓解或消除迫害性意念的症状，而是指患者能够对其进行思考（thinkability）：能够对这种意念进行分解和深入研究。在任何情况下，在他们的病情好转的时候，或者在他们的自我能够以观察者的角色反思其作为一个主体的发展变化时，很多患者都能够自发地、回顾性地进行反思。

另一方面，通过关键点进行的解构，是由分析师主动发起的。分析师会负责将分析工作的焦点明确地指向患者心理生活的某个方面或某个客体，而这些都是患者不会自动发起的解构。例如，分析师可能会聚焦于一种自恋性的自我投注，如果解构能够将自我的这个方面从确认并赋予其辉煌卓越的价值归因中分离出来，那么这将带来完全不同的意义和功能。

有时，通过关键点进行的解构也可以被分析之外的事件激活，也就是说，既不是由分析师，也不是由分析工作的有关事件，而是由意外创伤或偶然事件激活。显然，这种情况很少发生。

我所提供的临床材料简要地涉及所有这些问题。

来自患者方面的解构

米诺是一名40岁的男子，他正在完成一次成熟阶段的分析之旅（这是他接受分析的第七年）。他生活的内部和外部水平之间有点不同步——尽管他的身份认同、责任水平和成年父母的角色在一段时间前就已经形成了（他是一名住院医生，已婚，有两个孩子），但长期以来，他一直保持着把自己看作个体的观念，不受束缚。他对可能与父系有关的每个因素都有发自内心的厌恶。

长期以来，他用以看待和理解世界的幻想在潜意识中都是恋母情结的、迫害性的：他的内心世界里总有一个邪恶的人，强大而专横，高大而"正确"（如果他也是个"美国人"就会更好些，但他也可以是当地有头有脸的人物或社交大腕）。这个人倾向于滥用权力去伤害年轻人或其他无辜的人，有时是患者本人，有时是像他一样的其他人。

而且，多年来，米诺绝对可以预测自己的行动，就像他已经由计算机编程好了一样。

顺便说一句，在与这位病人合作时，我再次感到我可以用我的手触摸到一些"右"和"左"的政治骗局，它们有时可能是一种反映过度确定的性格/意识形态的陈词滥调（*Clichés*），在这些陈词滥调中，意识形态的建构实际上是由一个潜在的幻想场景所激发和维持的。该场景反过来表达和凝结了一个内部世界，这个内部世界具有严格特征化的对象关系、个性组织和相当隐秘的个人身份的核心，这些身份以"不适当的"形式表现出来，就像政治上经常出现的那样。

于是，米诺在其内在发展出一种身份认同，一部分是彼得·潘（Peter Pan），一部分是罗宾汉（Robin Hood）——一个与敌人"教父"作战的人，而"教父"则是胡克船长（Captain Hook）和小约翰（Little John）的混合体。

在他的内心世界里，事情总是这样发展：他的整个童年时期，父亲长期缺席。父亲工作日在另一个城市工作，在周六下午回家。米诺的母亲提出了"反对爸爸"（anti-Dad）的口号，在儿子的眼中，她竭尽全力地阉割、贬低和侮辱父亲的形象，而儿子被欺骗性地选为她理想的伴侣。

经过七年的分析工作和与我的合作，米诺的内部世界和外部世界都发生了很大的变化：他正在"重新发现"他的父亲，并借助这种可操作的内部关系模式，反过来又发展了作为自己孩子父亲的良好能力。

我不打算在这里详细说明米诺的整个分析过程。我介绍了这些基本信息，只是为了介绍他当前的分析发展，我认为这与解构主义主题有关。

事实上，几个星期以来，米诺一直在向我介绍他阅读其长期偶像之一（也许是他的最爱）切·格瓦拉（Che Guevara）传记中的经历。切·格瓦拉是米诺青春期和年轻的标志：英俊的、革命性的、顽强的、反文化传统的、几乎无家的，这是当时"无以简化的美学"代表，在世界各地吸引着许多年轻人。

让米诺感到不安的是，随着他继续阅读传记，面对切·格瓦拉的功绩（对他来说，这完全是自我共鸣），他的审美享受和对偶像的热情开始越来越频繁地与令人厌烦的，对这个人物本性的消极看法交替出现，而这个人物的海报自1977年起就挂在他的房间。

米诺还告诉我，他知道这本非圣人式的传记已经有一段时间了，并且他以前与它保持了距离：切·格瓦拉的积极方面得到了证实，但其他那些不那么有教育意义的方面也被坦诚地展现出来，令人感到不安。

在一节又一节的访谈中，我"间接地"、没有干预地见证了光荣的切·格瓦拉的逐步崩塌，最终，在病人向我描述的传记中，他实际上是在虐待同伴和他自己，不断寻找一个狂热的理想，能够使他忘记所有个人关系，包括他的妻子和孩子。即使在他偶尔回到古巴，他也会忽略去看望他们，而很快他又再次离开，他总是为自恋的理想而疯狂，而这种理想总是把他推向新的冒险。

另外，他总是必须在南美洲、非洲或任何他能够突显自己的地方战斗。他需要一个他能够战胜的敌人，一点一点地就这样坚持下去。

米诺在向我描绘切·格瓦拉的新形象时感到有些不满——一个男人在理想化的、自恋的维度上被重塑，并在现实生活的复杂性方面被重新审视。

同时，分析中出现了较为少见的家庭日常场景。米诺和他的小儿子在一个城市的建筑工地停下来看一台挖掘机，这台机器正在完成令人着迷的伟大事业。访谈中关于他们两人的描述，让我看到他们对这项重要工作的进展充满兴趣和钦佩之感。

切·格瓦拉所代表的一切对米诺来说都是一种内在的情境和自我的投射，我注意到，米诺对偶像的解构以一种自然的方式进行，没有任何来自分析师的特别的主动干预。它源于更强、更深的变异过程，和更大规模的"分析/挖掘机器"的工作——我对这一转变性的发展感到惊讶，这与米诺和他的儿子观察到附近地区激动人心的变化多少都有相同之处，这是强大的操作工具通过解构实现的，先是拆解，然后细分新的结构，使之成为更加舒适和有用的结构。

分析师的解构

正如已经指出的那样，如果分析师的工作中有一个明显的部分是"通过移除或拿走"来完成的，其意义是使阻抗和防御失去活力或有所松动（因为阻抗和防御会阻碍意识化和建立接触），那么一些分析干预也确实更多地致力于特定的主动解构工作。

在我看来，有时分析师的干预材料反过来成为一种防御，而这种防御包含了对某人而言未知的"建构，这种情况的确存在"。

在"狐狸和葡萄"（在伊索寓言的意义上）之类的例子中，人会通过一种与痛苦的观察有关的个人理论来加强自己的防御。

现年48岁的前儿科医生阿莱西亚的情况就是如此，她在九年前与老板发生了一场毁灭性的婚外情之后，突然放弃了工作。这件事情已经被公布于众，因此对她的私生活（她有一个丈夫和两个孩子）产生了毁灭性的影响，并且她在之后的求职中也遭到拒绝，职业发展陷入了停滞。阿莱西亚离开医

院，重新回到了家人身边。

经过五年的分析，阿莱西亚能够在许多层面上重构和理解所发生的事情的深层含义，以及在某种程度上对失去的必要的"健康"自恋进行修复。阿莱西亚开始感到，她不时地希望与自己的工作领域恢复联系，事实上她是希望能回到熟悉的环境中，运用卓越的技能并得到同事的尊重。

这种愿望只是阶段性的，以非常冲突的方式出现。工作的想法依然与九年前事件的创伤紧密地联系在一起，每次它出现，随之而来的都是对医生们的一系列负面评论——他们不值得信任、无能以及蒙受耻辱的普遍状况——总体而言，他们过着一种"得过且过"的生活，而且缺乏担当。

当谈到这些事情时，患者的语气有些愚蠢，她的理论既包括降低对回归工作的期望，又投射了她对不满和缺憾的恐惧。

在这种情况下，我的干预技术显得过于老套，要不是它已经被证明是有效的，我甚至对于呈现这一联系感到十分羞愧：我只想简单地说，"狐狸和葡萄"。

这句话的效果就像是用一根手指戳在一个由堆叠的骰子组成的摇摇欲坠的塔的底部：全都倒塌了，但这不是一件坏事，因为在这种情况下，我们谈论的是一个伪造的人造浮塔，它一直在用最大的努力来保持一种本不稳定的状态。

在这些情况下，病人通常会产生复杂的反应，一方面感觉疼痛，另一方面又感到缓解，因为他再次"脚踏实地"，并且因为他的自我（ego）不需维持代价很大的防御性的杂技表演而节省了一些精力，以至于像阿莱西亚一样，当发现自己再次顽固地企图维持这种防御时，会笑出声来。

对我来说，这是一种解构，是一种有其特殊性的干预措施。

* * *

分析师主动进行的解构工作是一项完全不同的任务：这项任务的目标是，面质内在的、强烈地对抗关系形成的结构，这种结构会阻碍分析的顺利进行，阻碍病人的个人发展和整体上的变化。

被罗森菲尔德（Rosenfeld，1971a，1987）描述为破坏性自恋的结构当然属于这一类；这些结构后来被梅尔策（Meltzer，1968）采用，并由格林（Green，1983）从不同的理论角度进行了研究。

克恩伯格（Kernberg，1984）和德玛西（De Masi，1989，1997，2000）对治疗技术进行了深入的探索，主要包括逐步识别这些内在因素，以及它们与自我其他部分的动力性关系和功能，然后在分析中重点关注并谨慎地向病人描述。

在这些情况下，分析师并不局限于通过"分解"来逐步消解这些结构。这些结构的投注是如此强而有力，因此在主体的内部力量中占有绝对优势。事实上，分析师是有倾向性的：他能够识别该结构专横和危害性的本质，一旦他能够在分析和评估中依靠一个足够安全的治疗联盟，并且与自我健康的部分有所接触，他就会选择一种方式向病人的自我指出这一事实。因此，分析师被假定有责任摆脱某种中立和被动等待的角色，或多或少像一个国家的民主组织那样，公开和正式地提请人们注意暴政的严酷性，在被殖民占领的国家中提出重要的要求。我在其他文章中提出了这些问题，并讨论了由此引起的反移情反应（Bolognini，2002，2010）。

在我看来，关键因素是维系这些结构的强大的自恋投注。它构成了一种内部聚合，并建立了一种自洽的（self-legitimizing）循环论证：由于自恋投注的结构被证明是如此强大的，因此它被更加坚定地投注，在病人的自体感受中形成了一种支持性的元素。

我记得大约20年前，一位女性病人做了一个与我有关的梦，她对分析的方法和设置表现出强烈的阻抗和观念上的反对（在通常情况下她无法接受相互依存的关系，尤其是在与男人的亲密关系中）。在梦中，有一艘船头为鹦鹉形状的金属尖头的船，"*它用非常坚硬的材料制成，没有什么能成功地锈蚀它*"。

对于分析师来说，这是一个明确的警告，但同时也是一个挑战！要防止他在头脑中解构这种侵入性和危险的形式……

在分析中，非常有趣的事实是，仔细观察梦中的"鹦鹉/金属尖头"时发现，它是由一千个细小贝壳的混合物组成，这些贝壳通过一种黏结性非常强的泥连接在一起，鉴于其位置处于船首，它使物体整体具有非凡的坚固性和明显的进攻潜力。

事实上，病人对她的性格感到非常自豪，她不会为世界上的任何事情而改变，但同时她也没有放弃某种诱惑力，尽管这主要是操控性的。实际上，贝壳中的女性元素同时被分割、被繁殖，并被用来构建一个可以公然挑战分析师的缺陷，带着暴烈的顺从，但它出现在现场，并没有被完全消除。

无论如何，阳刚之气占了上风，而阴柔的女性化部分则更像是一种古老的遗迹，而不是一个活生生的元素。

作为一名对手（当然，作为一名治疗师），我在这段时间里似乎显然不足以满足病人的需要，因为她的第一次见诸行动是向外科医生咨询缩鼻手术，外科医生比我更加果断，也更有解构能力。我阻止她见诸行动的尝试被粗暴地推开了，我的解释被坚决地忽视了，她不予理睬。

几年后，当自恋、凝聚力和自我合理化的黏结剂溶化，以某种方式"摧毁鹦鹉"时，病人和我能够重新审视这一动荡的插曲。我们理解病人求助于外科医生的方式不仅包括对我的阻抗和反对（这些都很明显），而且还包括戏剧性地返回令人困惑的身体维度，当时对病人来说，这是唯一具有真正意义的方面。对她而言，只能在这个真实的游戏中，在这个只允许有形干预的、具体的自我表征中进行一场极端冲突性的改变。

对鹦鹉的解构也揭示了对陈词滥调的认同的重要性——它们是对他人态度的模仿（实际上是"鹦鹉学舌"的态度），是对令人欣慰的、激进的女权主义文化模型的认同。

另一方面，恢复一种不同的关系——一种更持久的关系——她自己的女性气质允许"贝壳"/生殖器重新组合，而不再是破碎的，尤其不再是具有侵犯性的"金属尖头/船头"。对军事元素进行了解构，并在心理层面转化为"民事"用途。

与男人重建关系的能力，与一个"自我以外"的客体重建关系，需要她先对自己身份的基本要素进行重构。

如果没有早期的解构阶段，尤其是，如果没有释放出病理性地将模仿性假我结合在一起的凝聚元素，那么我们就无法进行这些重构过程。而这种假我是古老的，被主体确认的。

---

* * *

在对结构化的、被强烈投注的情感-表征性聚合体的主动解构工作中，分析师会发现自己有时不得不偏离某种中立的位置，因为他会注意到病人在维持生命/创造性的生命品质与死亡的/破坏性的生命品质之间的混淆和混乱，这种混乱存在于客体、部分自我，以及内部和人际关系中。病人似乎缺失了在生与死之间的基本方向——就好像他内在的罗盘针无法指示原点的位置。

分析师发现自己被搁置在"不做价值判断"与"不提供援助"的准则之间。

为了摆脱这种僵局，我提出的方案是帮助病人认识到其经验的基本性质：这意味着，从存活和致命的角度出发，重新确定罗盘针的方向，明确南北的位置。如果病人确实困惑于这些基本的方面，但他并没有策略性地操纵自己的外显性格（就像尤利西斯，他为了不去打仗而犁耕沙滩），那么他自然就能获得。

我认为，在这些严重的情况下，解构工作最重要的部分是针对"黏结"、自恋和自洽的自我投注。病人的内在世界中经常存在对某物或某人的高度理想化，这为自我结构中病理性的部分提供了"价值"（value）[我们也许可以将其翻译为凝聚（cohesion）]。❶ "某物"或"某人"实际上是一种自恋的元素，是偶像，而不是被理想化的客体。

---

❶ 在这里，我指的是患者使用有组织的潜意识防御，主要是采用反向形成的解决方案来应对他们的困难（由此导致质的迷失和困惑，是源于生与死之间的混淆），而对于精神分裂症患者而言，他们最终只属于精神病学的范畴——他们拼命地防御以免于自我的解体。

指出这个经常被秘密保护,并受到关注的私人偶像(De Masi,2000)并不是件容易的事情:有时仅仅是命名它,或者说明想要属于某个被极度理想化的事物,就已经会导致怀疑、停止或逃避分析。

另一方面,在病人内在世界和人格的复杂结构中,被理想化的东西有时是神圣的,因为这对于整个结构的运行法则也是必要的,而且人们不能指望干预是"即刻见效的"。必须采用循序渐进的干预技术,例如我们可以预测当代的、协同的解构与建构的重新整合。

在建筑物的改建中,更换承重墙这项微妙而危险的任务通常是通过"切割与缝合"(cut and sew)* 技术来完成的。这种技术包括设置一个整体容器,用桥墩支撑需要改建的外部结构。之后石匠会小心地撕下"坏"墙体的一部分(一次通常是50厘米),并用钢筋混凝土加固。只有在等待一定的时间,直到混凝土固定好之后,他们才能接着做下一段,以此类推。

当我们谨慎小心、专注投入、认真负责地对病人的内在心理元素进行分析性解构时,该元素通常是被理想化的、病理性的、致病性的,同时又是他人格组织中"最重要的"结构。这个建筑的比喻能够用来描述我们在某些时候做的类似的工作吗?

我认为是可以的。

可以这样理解,我在这里指的是一种技术性的管理,它通常是由很小的事情组成的。例如,在某些时候和某些情况下,当病人对理想化的人或事物表达其理想化的热情时,即使是简单的沉默,也会成为病人期待中的,来自分析师的明显的、令人不安的漠然姿态的确认。解构也可以以这样的方式开始。或者,它可以从病人敏感地知觉到分析师细微地放轻呼吸开始,这代表的是"没有确认的逃离",从而产生真空吸附的感觉(Bolognini,2010)。

在其他时候,解构性干预可以更直接、更明确:例如,当分析师认为分析的进程受到病人内部力量的严重威胁时(也许外显地表现为病人生活环境中有影响力的人,或有鼓动性的人),分析师必须主动澄清这些抵制元素表

---

* 在意大利,石匠和其他建筑工人特意用这个带有隐喻的词汇,诗意地描述他们的重构方法。——译者注

达出的反分析行为的深层含义。

但是,"切割与缝合"法则总是有价值的,也就是说,同时为病人提供一些积极的、可交换的东西是有利的,这些建设性的东西可以投注价值和希望(例如,对分析工作的基本机会和效用的理解),以便他最终可以珍惜与分析师一起努力提出的见解。

这项工作必须既指向病人的自我(the patient's ego),为其提供解释性元素,并澄清正在发生的事情的细节;也指向病人的自体(the patient's self)(Bolognini, 2002),当强调是病人成功地将分析带到了某个点上时,则可以增强其自体的凝聚。

当然,所有这些都必须使用设置和分析关系的"支撑性"容器来完成,就像"切割与缝合"技术一样。

不用说(虽然我们不是以工程师的结构计算方法来精确地得到这一点的,但也许更接近所谓的物理意义上的建筑工地上的经验),这项任务落在了分析师身上,我们要去评估和密切关注如何、何时、在何种程度上,以及为什么要进行解构过程。我们还必须牢记另一个可能的隐喻,即外科手术的隐喻,并要记住,这种干预使我们想起病人的自我意识是极端微妙的,以及它在分析关系的整体氛围中可能产生的影响。

解构患者的身份认同及其重要结构的自我保护机制是至关重要的。我将这项工作定义为选择性的、非破坏性的解构。我指的是分析师可以并且必须使用的一种技术,它让被分析者的一些深层认同变得可见、可思考和可理解。它不仅绝不能引起自体整体结构的毁灭性坍塌,而且还必须以一种更微妙的方式发生,即这些认同的某些有用的、基本的组成部分,即使从潜意识领域进入意识,也能够被保存下来。

所有分析师在临床工作中使用最频繁、最适当的技术是识别、描述和"命名"患者的某些内在组成部分,这些部分在访谈中已经很容易被分析师和患者识别,在这一点上,他们很容易就能谈论到,因为他们都知道正在谈的是什么。

例如,对于一些病人,当我碰巧成功而充分地发现,他们身份认同中的夸大的反应性/防御性自我和更真诚和痛苦的部分（经常受到缺乏自信和无能感觉的折磨）在交替出现时，为这两个部分命名就成为一件很自然的事。我用一种会立即被大多数病人接受和使用的方式来描述它们。

这些患者中的第一位是皮耶罗，他有时把自己描述成一种人类导弹（或者更确切地说，是一种没有人性的导弹）：非常强大、效率极高，简而言之，从根本上说是浮夸的和疯狂的。相反，在其他时候他表现出自己内心深处低落的状态：沮丧，经常受到惊吓，私下里认为自己没有价值，在每一种生活情境中都不称职。

我本能地想把第一个版本叫做"超级皮耶罗"，第二个版本叫做"可怜的皮耶罗"。

这个范式取得了一些成功，皮耶罗开始在对自己的状态进行反思的特定时刻使用它，以便识别自己行为中的认同，并在我们的对话中简短地（但有效地）提及它。

特别的是，识别和解构"超级皮耶罗"的任务占据了我们的一段时间：重要的是要了解哪些认同模型是该角色的基础，将这些认同拆分开会更多地带来一些混乱，而不是一种破坏。

除此之外，解构性的分解也是有用且适当的，以免将与超级皮耶罗有关的"所有一切都丢掉"，因为令人惊讶的是，某些元素可以被恢复和回收利用。

在他的工作中，皮耶罗由于"超级皮耶罗"的高效表演而取得了偶尔的成功，这拯救了他（我在使用患者的话来描述）。

皮耶罗对父亲的某些方面有深刻的认同，因为父亲将他看作小孩子。之后他在专业领域找到了父亲的等同物，特别是在他职业生涯的初期，但这并不是真正的内射，所以它们不是重要的和实质性的。它们是对内在（但非内射）客体的投射性认同，因此它们只是一种替代，并不真实，无法构成自体的真实组成部分。

换句话说，皮耶罗在分析中注意到，当他站在"超级皮耶罗"的立场上时，他"出演了"一位强大的成年人，但这"不是他"。

不过，他还注意到，他在其专业领域（商业工作）中使用的某些技术正是获益于那些工具性认同，最终他决定不完全破坏掉它们。它们让他工作得足够好，重要的是他意识到了它们。

我发现自己赞同患者的看法，我对于他能够很好地意识到这些感到放心，我们也交流了这些想法。我觉得我正在与皮耶罗对话，不是与"超级皮耶罗"对话，而是与（那个感到不满和匮乏的）"可怜的皮耶罗"以一种足够成熟的方式保持着内在的连接。

我的反移情波澜不惊却并非没有意图，因为到那时为止，皮耶罗自我分析的解构能力已经稳固，进而发展出同样值得信赖的建构整合的身份认同（皮耶罗）的能力，也就是能够识别并联结这两种认同的能力。

对分析师工作中的自我的解构

在我们的科学领域，过去十年最有趣的发展之一，是分析师日益增长的自我意识，这些自我意识指向的是专业工作中特定功能的内部结构和水平。

分析师通常有足够的能力表征自己，并最终以认知（一种再认知）为目的来解构其功能性的认同和发展轨迹。今天，传统的自我分析性态度，被所有精神分析学派重视，延伸到对分析师的内隐理论及其群体文化理论的观察，只有分析师的个人潜意识没有被包括在内。

因此，在小组讨论中，人们越来越少地仅对所提供的临床材料进行督导，而是越来越多地解构性地识别同事所呈现出的技术-文化（意识和潜意识）要素。这项工作通常能够促进每个人对"内部实验室"的觉知，这是我们接收和治疗患者的空间，在某种程度上，与我们在分析患者的客体关系世界时所做的没有什么不同。

自我分析提出并要求我们，不时地以一种非常目标明确且详尽的方式来检查我们通常不太注意的一些特征、倾向、模式和方法，但如果我们能在某种程度上微妙地解构我们的存在方式，它们就可以被感知到。有时，正是我们的患者使我们注意到我们的这些特征。

我认为，在这个意义上，解构的主要操作包括与分析师和督导，对我们的身份认同进行认真而诚实的分析（Bolognini，2008，2010）。我们的内在有什么？有多少？在哪个水平上？是内射性认同（构成而不是替代了自体），还是对被内化（但未被吸收）的客体的投射性认同（客体代替了自体）？

在我们的职业生涯初期，我们都以与我们的分析师同样的语言和语气，对患者说了同样的一些话。我们认同我们的分析师，这也许意味着我们很难与他们分离，在内在层面上，我们仍然需要时间来完成那些发生深刻变化的阶段。

我们当时注意到了吗？我们能否认识到，我们内部世界的状态，或者我们在没有注意到的情况下"成为"他的过程？我们是否知道如何面对丧失的痛苦？我们是否重新获得了自己的边界和身份认同？

分析师和其他人一样，都是芸芸众生，他们也经历着同样的防御机制的发展变迁。但同时，他们还有另外一些朴素却可能有效的工具。例如，他们的培训会训练他们表征和解构自己的内在运作模式，训练他们保持觉察，这也是一种能够向患者传递的价值。在这种解构性态度的基础上，人们相信能够重构一个新的、更有效的和更健康的自我和自体。

因此，解构-重构辩证法最终是一个类似于"退行是为了发展"的过程：这是精神分析灵活、机智地利用明显退行阶段的众多例子之一，实际上这是实质性的成熟发展的基础。

结论

回到我们最开始的主题，我们所做的"解构"是一项复杂的工作，在这项工作中，分析师有时就像一位评估负荷、压力和张力的结构工程师，这些结构需要得到自体的支持；在其他时候，分析师就像一位建筑师，他提出与病人的心理风格相匹配的解释性解决方案，根据患者的重要议题做出调整，负责解决方案的可行性并使之逐步被采纳；然后又像一位建筑工头，维持一个可操作和有组织的愿景，以推动"分析性建筑区"的工作持续进行；最后（但同样重要），他就像一位砖瓦匠，他对建筑材料、材料质量和材料之间的关系能很好地理解，有最直接的经验，他知道各种砖石的一致性和硬度，以及砂浆和水泥的黏结性能。

分析师（科学家、技术人员和工匠的合体）帮助患者解构、拆解、分离、消除、保存、重构和重新整合。

当然，与上述分类不同的是，分析师还知道如何对有生命和敏感的材料进行工作，并且他过去作为患者的个人经历——如果他是一名好的分析师——会不断提醒他这一点。

参考文献

Amati-Mehler, J. (2005). Interprétation et construction. *Bulletin de la Fédération Européenne de Psychanalyse, 59*: 26–30.

Anzieu, D. (1975). *Freud's Self Analysis.* Madison, CT: International Universities Press, 1986.

Arlow, J. A. (1987). The dynamics of interpretation *Psychoanalytic Quarterly, 56*: 68–87.

Aulagnier, P. (1983). *Un interprète en quête de sens.* Paris: Ramsay, 1986.

Balint, M. (1968). *The Basic Fault: Therapeutic Aspects of Regression.* London: Tavistock Publications.

Baranger, M., Baranger, W., & Mom, J. (1987). El trauma psíquico infantil, de nosotros a Freud. Trauma puro, retroactividad y reconstrucción. *Revista de Psicoanálisis, 44*: 4.

Baranger W., Goldstein N., & Zak de Goldstein R. (1989). Acerca de la desidentificación. *Revista de Psicoanálisis, 44*: 6.

Barros, E. R. (2003). Affect and picotographic image: The constitution of meaning in mental life. *International Journal of Psychoanalysis, 81*: 1087–1099.

Bell, D. (2001). *Projective Identification in Kleinian theory: A Contemporary Perspective*, ed. C. Bronstein. London: Whurr.

Bell, D. (2009). Is truth an illusion. *International Journal of Psychoanalysis, 90*: 331–345.

Benjamin, J. (2009). A relational psychoanalysis perspective on the necessity of acknowledging failure in order to restore the facilitating and containing features of the intersubjective relationship (the Shared Third). *International Journal of Psychoanalysis, 90*: 441–450.

Bergmann, M. (2000). *What I Heard in the Silence.* Madison, CT: International Universities Press.

Bertrand, M. (1990). *La pensée et le trauma.* Paris: Editions de L'Harmattan.

Bertrand, M. (2004). *Trois défis pour la psychanalyse.* Paris: Dunod.

Bertrand, M. (2008). Construire un passé, inventer un possible. Rapport au LVXIIIe Congrès des psychanalystes de langue française. *Revue Française de Psychanalyse, 5*: 1359–1417.

Bion, W. R. (1958). On arrogance. *International Journal of Psychoanalysis, 39*: 144–146. [Also in: *Second Thoughts.* London: Heinemann, 1967.]

Bion, W. R. (1959). Attacks on linking. *International Journal of Psychoanalysis, 40* (5–6): 308–315.

Bion, W. R. (1961). A theory of thinking. *International Journal of Psychoanalysis, 43* (4–5): 306–310.

Bion, W. R. (1962). *Learning From Experience.* London: Heinemann.

Bion, W. R. (1967). *Second Thoughts: Selected Papers on Psycho-Analysis.* London: Heinemann.

Bion, W. R. (1970). *Attention and Interpretation*. London: Heinemann.

Bion, W. R. (1992). *Cogitations*. London: Karnac.

Birksted-Breen, D. (1996). Phallus, penis and mental space. *International Journal of Psychoanalysis, 77*: 649–659.

Blass, R. (2003). The puzzle of Freud's puzzle analogy: Reviving a struggle with doubt and conviction in Freud's *Moses and Monotheism*. *International Journal of Psychoanalysis, 85*: 669–682.

Blass, R. (2006). Le concept de "vérité historique" de Freud et les fondements inconscients de la connaissance. *Revue Française de Psychanalyse, 70*: 1619–1632.

Blum, H. (1977). The proto-type of pre-oedipal reconstruction. *Journal of the American Psychoanalytic Association, 25*: 757–785.

Blum, H. (1980). The value of reconstruction in adult psychoanalysis. *International Journal of Psychoanalysis, 61*: 39–52.

Blum, H. (1994). *Reconstruction in Psychoanalysis: Childhood Revisited and Recreated*. Madison, CT: International Universities Press.

Blum, H. (1998). The reconstruction of reminiscence. *Journal of the American Psychoanalytic Association, 47*: 1125–1144.

Blum, H. (2003a). Repression, transference and reconstruction. *International Journal of Psychoanalysis, 84*: 497–503.

Blum, H. (2003b). Response to Peter Fonagy. *International Journal of Psychoanalysis, 84*: 509–515.

Blum, H. (2005). Psychoanalytic reconstruction and reintegration. *Psychoanalytic Study of the Child, 60*: 295–311.

Bollas, C. (1989). *Forces of Destiny: Psychoanalysis and Human Idiom*. London: Free Association Books.

Bolognini, S. (2002). *Psychoanalytic Empathy*. London: Free Association Books, 2004.

Bolognini, S. (2008). A familia institucional e a fantasmatica do analista. *Jornal de Psicanalise, 41* (74).

Bolognini, S. (2010). *Secret Passages: The Theory and Technique of Interpsychic Relations*, trans. G. Atkinson. London: Routledge. [Original: *Passaggi segreti*. Turin: Bollati Boringhieri, 2008.]

Borelle, A. (2009). *Intervenciones psicoterapéuticas en la clínica psicosomática. Implicancias en la mentalización. Estudio de casos*. Doctoral Dissertation, Universidad del Salvador, Buenos Aires, Argentina.

Botella, C., & Botella, S. (2001). Figurabilité et régrédience. *Revue Française de Psychanalyse, 45* (4): 1149–1239.

Botella, C., & Botella, S. (2005). *The Work of Psychic Figurability: Mental States Without Representation*. Hove: Brunner-Routledge.

Braudel, F. (1969). *Écrits sus l' histoire*. Paris: Flammarion.

Braunschweig, D., & Fain, M. (1975). *La nuit le jour*. Paris: Presses Universitaires de France.

Brenman, E. (1980). The value of reconstruction in adult psychoanalysis.

International Journal of Psychoanalysis, 61: 53–60.

Brenman Pick, I. (1985). Working through in the countertransference. *International Journal of Psychoanalysis, 66*: 157–166. [Revised version in: E. Bott Spillius (Ed.), *Melanie Klein Today: Mainly Practice* (pp. 34–37). London: Routledge, 1988.]

Brenneis, C. B. (1997). *Recovered Memories of Trauma: Transferring the Present to the Past*. Madison, CT: International Universities Press.

Britton, R. (1989). The missing link: Parental sexuality in the Oedipus complex. In: *The Oedipus Complex Today: Clinical Implications*. London: Karnac.

Britton, R., & Steiner, J. (1994). Interpretation: Selected fact or overvalued idea? *International Journal of Psychoanalysis, 75*: 1069–1078.

Brusset, B. (2005a). Le modèle limite et la théorie de l'hypocondrie et de l'addiction. In: F. Richard & F. Urribari (Eds.), *Autour de l'oeuvre d'André Green. Enjeux pour une psychanalyse contemporaine*. Paris: Presses Universitaire de France.

Brusset, B. (2005b). *Psychanalyse du lien*. Paris: Presses Universitaires de France.

Bülher, K. (1934). *Theory of Language (Sprachtheorie)*, trans. D. Goodwin. Amsterdam: John Benamins, 1990.

Busch, F. (2010). Distinguishing psychoanalysis from psychotherapy. *International Journal of Psychoanalysis, 91*: 23–34.

Canestri, J. (2004). Le concept de processus analytique et le travail de transformation. *Revue Française de Psychanalyse, 78* (5): 1495–1543.

Canestri, J. (Ed.) (2006). *Psychoanalysis: From Practice to Theory*. London: Wiley.

Carpy, D. V. (1989). Tolerating the countertransference: A mutative process. *International Journal of Psychoanalysis, 70*: 287–294.

Cassirer, E. (1956). *Esencia y concepto del símbolo*. Mexico City: Fondo de Cultura Econômica.

Cassirer, E. (1972). *La philosophie des formes symboliques*. Paris: Editions de Minuit.

Chianese, D. (2007). *Constructions and the Analytic Field: History, Scenes and Destiny*. London: Routledge.

Collingwood, R. G. (1938). *The Principle of Art*. Oxford: Oxford University Press.

Croce, B. (1925). *Aesthetic as Science of Expression and General Linguistic*. Cambridge: Cambridge University Press, 2002.

Curtis, H. C. (1983). Construction and reconstruction: An introduction. *Psychoanalytic Inquiry, 3*: 183–188.

Davidson, D. (2004). Truth. *International Journal of Psychoanalysis, 85*: 1225–1230.

De Masi, F. (1989). Il super-io. *Rivista di Psicoanalisi, 35*: 393–431.

De Masi, F. (1997). Intimidation at the helm: Superego and hallucinations in the analytic treatment of a psychosis. *International Journal of Psychoanalysis, 78*: 561–576.

De Masi, F. (2000). "Le organizzazioni patologiche del super-Io" [The pathological organizations of the superego]. Paper presented at the Psychoanalytic Center of Bologna, 10 December.

Denis, P. (2006). Incontournable contre-transfert. *Revue Française de Psychanalyse, 70* (2): 331–350.

Derrida, J. (1967a). *De la grammatologie.* Collection Critique. Paris: Minuit.

Derrida, J. (1967b). *L'écriture et la différence.* Collection Tel Quel. Paris: Seuil.

Di Benedetto, A. (2000). *Prima della parola.* Milan: Franco Angeli.

Dodds, E. R. (1951). *The Greeks and the Irrational.* Berkeley, CA: University of California Press.

Duparc, F. (1999). "Construction. L'art du temps, l'art de la rencontre" [Construction: The art of time, the art of the encounter]. Paper presented at the SPI-SPP Meeting, Toulouse, France.

Dvoskin, H. (2007). *Construcciones. Una versión abarcativa del concepto.* Available at: www.elsigma.com/site/detalle.asp?IdContenido=11411.

Ellenberger, H. F. (1970). *The Discovery of the Unconscious.* London: Fontana, 1994.

Faimberg, H. (1990). Repetition and surprise: A clinical approach to the necessity of construction and its validation. *International Journal of Psychoanalysis, 71*: 411–420.

Faimberg, H. (1996). Listening to listening. *International Journal of Psychoanalysis, 77*: 667–678.

Faimberg, H. (2005). *The Telescoping of Generations: Listening to the Narcissistic Links between Generations.* London: Routledge.

Fain, M. (1971). Prélude à la vie fantasmatique. *Revue Française de Psychanalyse, 36*: 291–364.

Fain, M. (1995). Régression ou distorsion? *Revue Française de Psychanalyse, 59*: 737–743.

Febvre, L. (1946). *Les classiques de la liberté: Michelet.* Lausanne: Traits. [Also in: *Combats pour l'histoire.* Paris: A. Colin, 1953.]

Feldman, M. (1997). Projective identification: The analyst's involvement. *International Journal of Psychoanalysis, 78*: 227–241. [Reprinted in B. Joseph (Ed.), *Doubt, Conviction and the Analytic Process* (pp. 34–53). London: Routledge, 2009.]

Feldman, M. (2009). *Doubt, Conviction and the Analytic Process.* New York: Brunner-Routledge.

Ferenczi, S. (1913). Stages in the development of the sense of reality. In: *First Contributions to Psycho-Analysis.* London: Karnac, 1994.

Ferenczi, S. (1926). Contra-indications to the "active" psychoanalytical technique. In: *Further Contributions to the Theory and Technique in Psycho-*

analysis. London: Karnac, 1994.

Ferenczi, S. (1931). On the revision of "The Interpretation of Dreams". In: *Final Contributions to the Problems and Methods of Psycho-Analysis*. London: Karnac, 1994.

Ferenczi, S. (1933). Confusion of tongues between adults and the child. In: *First Contributions to Psycho-Analysis*. London: Karnac, 1994.

Ferro, A. (1995). *A técnica da psicanálise infantil*. Rio de Janeiro: Imago.

Ferro, A. (2002). *In the Analyst's Consulting Room*. London: Routledge.

Ferro, A. (2005). *Seeds of Illness, Seeds of Recovery: The Genesis of Suffering and the Role of Psychoanalysis*, tr. P. Slotkin. Hove: Brunner-Routledge.

Ferro, A. (2006). Marcella. D'une situation sensorielle explosive à la capacité de penser. *Revue Française de Psychanalyse*, 2: 431–443.

Ferro, A. (2010). *Avoiding Emotions, Living Emotions*. London: Routledge.

Ferruta, A. (2002). Une interprétation qui construit le sujet. In: J.-J. Baranès & F. Sacco, *Inventer en psychanalyse* (pp. 49–66). Paris: Dunod.

Fonagy, P. (2003). Rejoinder to Harold Blum. *International Journal of Psychoanalysis*, *84*: 503–509.

Fonagy, P., Gergely, G., Jurist, E., & Target, M. (2002). *Affect Regulation, Mentalization and the Development of the Self*. New York: Other Press.

Fractman, A. (1995). Reconstruir-historizar-interpretar. La construcción según Freud y la clínica. *Psicoanálisis Apdeba*, *17* (2).

Freud, S. (1893a) (with Breuer, J.). On the psychical mechanism of hysterical phenomena: Preliminary communication. *S.E., 2*.

Freud, S. (1895d) (with Breuer, J.). *Studies on Hysteria. S.E., 2*.

Freud, S. (1896a). The aetiology of hysteria. *S.E., 3*.

Freud, S. (1898b). The psychical mechanism of forgetfulness. *S.E. 3*.

Freud, S. (1899a). Screen memories. *S.E., 3*.

Freud, S. (1900a). *The Interpretation of Dreams. S.E., 4–5*.

Freud, S. (1901b). *The Psychopathology of Everyday Life. S.E., 6*.

Freud, S. (1905e). Fragment of an analysis of a case of hysteria. *S.E., 7*.

Freud, S. (1909d). Notes upon a case of obsessional neurosis. *S.E., 10*.

Freud, S. (1910c). *Leonardo da Vinci and a Memory of His Childhood. S.E., 11*.

Freud, S. (1910k). "Wild" psycho-analysis. *S.E., 11*.

Freud, S. (1912–13). *Totem and Taboo. S.E., 13*.

Freud, S. (1914g). Remembering, repeating and working-through (Further Recommendations on the Technique of Psycho-Analysis, II). *S.E., 12*.

Freud, S. (1915e). The unconscious. *S.E., 14*.

Freud, S. (1916–17). *Introductory Lectures on Psycho-Analysis. S.E., 15/16*.

Freud, S. (1917e [1915]). Mourning and melancholia. *S.E., 14*: 237–257.

Freud, S. (1918b [1914]). From the history of an infantile neurosis. *S.E., 17*: 1–122.

Freud, S. (1920a). The psychogenesis of a case of homosexuality in a woman. *S.E., 18*.

Freud, S. (1920b). A note on the prehistory of the technique of analysis. *S.E., 18*: 263–265.
Freud, S. (1920g). *Beyond the Pleasure Principle. S.E., 18.*
Freud, S. (1923b). *The Ego and the Id. S.E., 19.*
Freud, S. (1923c). Remarks on the theory and practice of dream-interpretation. *S.E., 19.*
Freud, S. (1925h). Negation. *S.E., 19.*
Freud, S. (1930a [1929]). *Civilization and Its Discontents. S.E., 21.*
Freud, S. (1933a [1932]). *New Introductory Lectures on Psycho-Analysis. S.E., 22.*
Freud, S. (1937c). Analysis terminable and interminable. *S.E., 23.*
Freud, S. (1937d). Constructions in analysis. *S.E., 23.*
Freud, S. (1939a [1937–39]). *Moses and Monotheism: Three Essays. S.E., 23.*
Freud, S. (1940a [1938]). *An Outline of Psycho-Analysis. S.E., 23.*
Freud, S. (1950 [1895]). Project for a scientific psychology. *S.E., 1.*
Friedman, L. (1983). Reconstruction and the like. *Psychoanalytic Inquiry, 3*: 189–222.
Fromm, E. (1976). *To Have or to Be?* New York: Harper & Row.
Gabbard, G. (1997). A reconsideration of objectivity in the analyst. *International Journal of Psychoanalysis, 78*: 15–26.
Gabbard, G., & Westen, D. (2003). Rethinking therapeutic action. *International Journal of Psychoanalysis, 84*: 823–841.
Gaddini, E. (1986). La maschera e il cerchio. *Rivista di Psicoanalisi, 32*: 175–186.
Gaensbauer, T., & Jordan, L. (2009). Psychoanalytic perspectives on early trauma. *Journal of the American Psychoanalytic Association, 57*: 947–977.
Grassano, E. N. (2001). Diálogo entre distintas perspectivas teórico-clínicas en psicosomática. *Revista de la Sociedad Argentina de Psicoanálisis, 4*: 93.
Green, A. (1980). Passions and their vicissitudes. In: *On Private Madness* (pp. 214–153). Madison, CT: International Universities Press, 1986.
Green, A. (1983). *Life Narcissism, Death Narcissism,* trans. A. Weller. London: Free Association Books, 2001.
Green, A. (1986). *On Private Madness.* Madison, CT: International Universities Press.
Green, A. (1998). The primordial mind and the work of the negative. *International Journal of Psychoanalysis, 79*: 649–665.
Green, A. (1999). Passivité–passivation. Jouissance et détresse. *Revue Française de Psychanalyse, 63*: 1587–1600.
Green, A. (2000a). *La diachronie en psychanalyse.* Paris: Editions de Minuit.
Green, A. (2000b). *Le temps eclaté.* Paris: Editions de Minuit.
Green, A. (2002). *Key Ideas for Contemporary Psychoanalysis: Misrecognition and Recognition.* Hove: Routledge, 2005.

Green, A. (2003). *Ideas directrices para un psicoanálisis contemporáneo.* Buenos Aires: Amorrortu. [*Misrecognition and Recognition of the Unconscious.* London: Routledge, 2005.]

Green, A. (2005a). *Key Ideas for a Contemporary Psychoanalysis. Misrecognition and Recognition of the Unconscious,* trans. A. Weller. London: Routledge.

Green, A. (2005b). *Psychoanalysis: A Paradigm for Clinical Thinking,* trans. A. Weller. London: Free Association Books.

Green, A. (2008). Freud's concept of temporality: Differences with current ideas. *International Journal of Psychoanalysis, 89*: 1029–1039.

Greenacre, P. (1975). On reconstruction [Fenichel Lectures, Psychoanalytic Society of Los Angeles, 24 January]. *Journal of the American Psychoanalytic Association, 23* (4): 693–712.

Greenacre, P. (1981). Reconstruction, its nature and therapeutic value. *Journal of the American Psychoanalytic Association, 29*: 27–46.

Grotstein, J. (1981). *Splitting and Projective Identification.* New York: Jason Aronson.

Grünbaum, A. (1984). *The Foundations of Psychoanalysis: A Philosophical Critique.* Berkeley, CA: University of California Press.

Guillaumin, J. (1998). *Transfert, contre-transfert.* Paris: L'Esprit du Temps.

Haack, S. (1999). Staying for an answer: The untidy process of groping for truth. *Times Literary Supplement,* 9 July.

Hamilton, V. (1993). Truth and reality in psychoanalytic discourse. *International Journal of Psychoanalysis, 74*: 63–79.

Hanly, C. (1976). *Les mouvements individuels de vie et de mort.* Paris: Payot.

Hanly, C. (1980). *L'ordre psychosomatique.* Paris: Payot.

Hanly, C. (1990). The concept of truth in psychoanalysis. *International Journal of Psychoanalysis, 71*: 375–383.

Hartke, R. (2009). "Psychological Turbulence in the Analytic Situation." Plenary address given at the July 2009 International Bion Conference, Boston, MA.

Hartog, F. (2007). *Regímenes de historicidad. Presentismo y experiencias del tiempo.* Mexico City: Universidad Iberoamericana.

Hartog, F. (2009). Interview. *ADN–La Nación,* Buenos Aires, 10 October.

Heimann, P. (1989). *About Children and Children-no-Longer: Collected Papers, 1942–80.* London: Routledge.

Hobson, R. P. (1985). Self-representing dreams. *Psychoanalytic Psychotherapy, 1* (3): 43–53.

Holland, N. (1999). Deconstruction. *International Journal of Psychoanalysis, 80*: 153–162.

Hornstein, L. (1993). *Práctica psicoanalítica e historia.* Buenos Aires: Paidós.

Hornstein, L. (Ed.) (2004). *Proyecto terapéutico. De Piera Aulagnier al psicoanálisis actual.* Buenos Aires: Paidós.

Hunter, V. (1993). An interview with Hanna Segal. *Psychoanalytic Review,*

80: 1–28.

Innis, R. E. (2009). *Susanne Langer in Focus. The Symbolic Mind*. Bloomington, IN: Indiana University Press.

Joseph, B. (1983). On understanding and not understanding: Some technical issues. *International Journal of Psychoanalysis, 64*: 291–298.

Joseph, B. (1985). Transference: The total situation. *International Journal of Psychoanalysis, 66*: 447–454. [Reprinted in: M. Feldman & E. Bott Spillius (Ed.), *Psychic Equilibrium and Psychic Change* (pp. 156–167). London: Routledge, 1989.]

Kernberg, O. F. (1984). *Severe Personality Disorders: Psychotherapeutic Strategies.* New Haven, CT: Yale University Press.

Kernberg, O. F. (2001). Recent developments in the technical approaches of English-language psychoanalytic schools. *Psychoanalyic Quarterly, 70*: 519–547.

Killingmo, B. (2006). A plea for affirmation relating to states of unmentalised affects. *The Scandinavian Psychoanalytic Review, 29*: 13–21.

Kim, J. (1998). *Philosophy of Mind*. Boulder, CO: Westview Press.

Klein, M. (1952). The origins of transference. *International Journal of Psychoanalysis, 33*: 433–438. [Also in: *Envy and Gratitude and Other Works 1946–1963* (pp. 48–56), ed. M. M. R. Khan. London: Hogarth Press & the Institute of Psycho-Analysis, 1975.]

Krull, M. (1986). *Freud and His Father*. New York: W. W. Norton.

Langer, S. K. (1942). *Philosophy in a New Key: A Study in the Symbolism of Reason, Rite and Art*. Cambridge MA: Harvard University Press.

Lecours, S. (2007). Supportive interventions and non-symbolic mental functioning. *International Journal of Psychoanalysis, 88*: 895–915.

Lecours, S., & Bouchard, M.-A. (1997). Dimensions of mentalisation: Outlining levels of psychic transformation. *International Journal of Psychoanalysis, 78*: 855–875.

Le Goff, J. (1988). *Histoire et mémoire*. Paris: Editions Gallimard.

Levenson, E. A. (1988). The pursuit of the particular: On the nature of psychoanalytic inquiry. *Contemporary Psychoanalysis, 24*: 1–16.

Levine, H. B. (1994). The analyst's participation in the analytic process. *International Journal of Psychoanalysis, 75*: 665–676.

Levine, H. B. (1997). The capacity for countertransference. *Psychoanalytic Inquiry, 17*: 44–68.

Levine, H. B. (2009). Time and timelessness: Inscription and representation. *Journal of the American Psychoanalytic Association, 57*: 333–355.

Levine, H. B. (2010). "The Obscure Object of Psychoanalytic Inquiry: Notes on the Ineffable and the Process of Representation." Paper presented at the 2010 Winter Meetings of the American Psychoanalytic Association, New York City.

Makari, G. (2008). *A Revolution in Mind: The Creation of Psychoanalysis*. New York: HarperCollins.

Marty, P. (1976). *Les mouvements individuels de vie et de mort.* Paris: Payot.
Marty, P. (1980). *L'ordre psychosomatique.* Paris: Payot.
Marucco, N. (1998). *Cura analítica y transferencia. De la represión a la desmentida.* Buenos Aires: Amorrortu.
Marucco, N. (2007). Between memory and destiny: Repetition. *International Journal of Psychoanalysis, 88*: 309–328.
Massicotte, W. J. (1995). The surprising philosophical complexity of psychoanalysis (belatedly acknowledged). *Psychoanalysis and Contemporary Thought 18*: 3–31.
Meltzer, D. (1968). Terror, persecution and dread. In: *Sexual States of Mind.* Strath Tay: Clunie Press.
Mitrani, J. L. (1995). Toward an understanding of unmentalized experience. *Psychoanalytic Quarterly, 64*: 68–112.
Mitrani, J. L. (2001). "Taking the transference": Some technical implications in three papers by Bion. *International Journal of Psychoanalysis, 82*: 1085–1104.
Nagel, T. (1986). *The View from Nowhere.* Oxford: Oxford University Press.
Obholzer, K. (1982). *The Wolf Man Sixty Years Later: Conversations with Freud's Controversial Patient,* trans. M. Shaw. New York: Continuum.
Ogden, T. (1992). *The Matrix of the Mind.* London: Karnac.
Ogden, T. (1997). Reverie and metaphor. *International Journal of Psychoanalysis, 78*: 719–731.
Ogden, T. (2004). This art of psychoanalysis: Dreaming undreamt dreams and interrupted cries. *International Journal of Psychoanalysis, 85*: 857–877.
Oppenheimer, A. (1988). La "solution" narrative. *Revue Française de Psychanalyse, 52*: 17–35.
O'Shaughnessy, E. (1992). Enclaves and excursions. *International Journal of Psychoanalysis, 73*: 603–611. [Reprinted in D. Bell (Ed.), *Reason and Passion.* London: Karnac.]
Parsons, M. (1992). The refinding of theory in clinical practice. *International Journal of Psychoanalysis, 73*: 103–115.
Pasche, F. (1984). *Le passé recomposé.* Paris: Presses Universitaires de France.
Pasche, F. (1988). *Le sens de la psychanalyse.* Paris: Presses Universitaires de France.
Pick, D., & Rustin, M. (2008). Introduction to Quentin Skinner: Interpretation in psychoanalysis and history. *International Journal of Psychoanalysis, 89*: 637–645.
Pistiner de Cortiñas, L. (2009). *The Aesthetic Dimension of the Mind.* London: Karnac.
Porte, M. (1999). Les preuves selon la psychanalyse. Conviction, croyance, confiance . . . et invention. *Topique, 70*: 135–153.
Pragier, G., & Faure Pragier, S. (1990). Un siècle après l'Esquisse. Nouvelles

métaphores? Métaphores du nouveau? *Revue Française de Psychanalyse, 54*: 1395–1500.

Pragier, G., & Faure Pragier, S. (2007). *Repenser la psychanalyse avec les sciences*. Paris: Presses Universitaires de France.

Press, J. (2006). Constructing the truth: From "confusion of tongues" to "constructions in analysis". *International Journal of Psychoanalysis, 87*: 519–536.

Press, J. (2008). Construction avec fin, construction sans fin. *Revue Française de Psychanalyse, 72*: 1269–1337.

Racker, H. (1957). The meanings and uses of countertransference. *Psychoanalytic Quarterly, 26*: 303–357.

Reed, G. S. (1993). On the value of explicit reconstruction. *Psychoanalytic Quarterly, 762*: 52–73.

Reed, G. S. (2009). An empty mirror: Reflections on non-representation. *Psychoanalytic Quarterly, 88*: 1–26.

Reed, G. S., & Baudry, F. D. (2005). Conflict, structure and absence: André Green on borderline and narcissistic pathology. *Psychoanalytic Quarterly, 74*: 121–156.

Rieff, P. (1959). *Freud: The Mind of a Moralist*. Chicago, IL: University of Chicago Press.

Riesenberg-Malcolm, R. (1985). The past in the present. In: *On Bearing Unbearable States of Mind*. London: Routledge, 1999.

Rosenfeld, H. A. (1971a). A clinical approach to the psychoanalytic theory of the life and death instincts: An investigation into the aggressive aspects of the narcissism. *International Journal of Psychoanalysis, 52*: 169–178.

Rosenfeld, H. A. (1971b). Contribution to the psychopathology of psychotic states: The importance of projective identification in the ego structure and the object relations of the psychotic patient. In: P. Doucet & C. Laurin (Eds.), *Problems of Psychosis* (pp. 115–128). Amsterdam: Excerpta Medica. [Reprinted in: E. Bott Spillius (Ed.), *Melanie Klein Today: Mainly Theory* (pp. 117–137). London: Routledge, 1988.]

Rosenfeld, H. A. (1987). *Impasse and Interpretation*. London: Tavistock.

Rothstein, A. (Ed.) (1986). *The Reconstruction of Trauma: Its Significance in Clinical Work*. Monograph 2, Workshop Series, American Psychoanalytic Association. New York: International Universities Press.

Roussillon, R. (1990). Clivage du moi et transfert passionnel. *Revue Française de Psychanalyse, 54*: 345–363.

Sandler, J., & Sandler, A.-M. (1997). The past unconscious, the present unconscious and the vicissitudes of guilt. *International Journal of Psychoanalysis, 68*: 331–341.

Scarfone, D. (2006). A matter of time: Actual time and the production of the past. *Psychoanalytic Quarterly, 75*: 807–834.

Schäfer, R. (1976). *A New Language for Psychoanalysis*. New Haven, CT: Yale

University Press.

Schäfer, R. (1983). *The Analytic Attitude.* London: Hogarth Press.

Sechaud, E. (2008). The handling of the transference in French psychoanalysis. *International Journal of Psychoanalysis, 89*: 1011–1028.

Segal, H. (1962). The curative factors in psycho-analysis. *International Journal of Psychoanalysis, 43*: 212–217. [Reprinted in: *The Work of Hanna Segal* (pp. 49–64). New York: Jason Aronson, 1981.]

Segal, H. (1973). *Introduction to the Work of Melanie Klein.* London: Hogarth Press.

Segal, H. (1977). Psychoanalytic dialogue: Kleinian theory today. *Journal of the American Psychoanalytic Association, 25*: 363–370.

Segal, H. (1978). *Melanie Klein.* London: Karnac.

Siegert, M. B. (1990). Construction or deconstruction: Perspectives on the limits of psychoanalytic knowledge. *Contemporary Psychoanalysis, 26*: 160–170.

Spence, D. P. (1982). Narrative truth and theoretical truth. *Psychoanalytic Quarterly, 51*: 43–69.

Spence, D. P. (1989). Narrative appeal vs. historical validity. *Contemporary Psychoanalysis, 25*: 517–523.

Steiner, J. (1993). *Psychic Retreats.* London: Routledge.

Steiner, J. (1994). Patient-centered and analyst-centered interpretations: Some implications of containment and countertransference *Psychoanalytic Inquiry, 14* (3): 406–422.

Stern, D. (1997). *Unformulated Experience. From Dissociation to Imagination in Psychoanalysis.* Hillsdale, NJ: Analytic Press.

Tabbia, C. (2008). "El concepto de intimidad en el pensamiento de Meltzer" [The concept of privacy in Meltzer's thinking]. Lecture presented during the encounter "Remembering D. Meltzer" in São Paulo, Brazil, August.

Target, M. (1998). The recovered memories controversy. *International Journal of Psychoanalysis, 79*: 1015–1028.

Vidermann, S. (1970). *La construction de l'espace analytique.* Paris: Denoël.

Wetzler, S. (1985). The historical truth of psychoanalytic reconstructions. *International Review of Psychoanalysis, 12*: 187–197.

Widlocher, D. (2004). The third in mind. *Psychoanalytic Quarterly, 73*: 197–214.

Winnicott, D. W. (1954). Withdrawal and regression. In: *Through Paediatrics to Psycho-Analysis.* London: Hogarth Press.

Winnicott, D. W. (1955). Metapsychological and clinical aspects of regression within the psycho-analytical set-up. *International Journal of Psychoanalysis, 36*: 278–294.

Winnicott, D. W. (1965a). *The Maturational Processes and the Facilitating Environment.* New York: International Universities Press.

Winnicott, D. W. (1965b). The psychology of madness: A contribution from psycho-analysis. In: *Psycho-Analytic Explorations*. London: Karnac, 1989.

Winnicott, D. W. (1971a). Fear of breakdown. In: *Psycho-Analytic Explorations*. London: Karnac, 1989.

Winnicott, D. W. (1971b). *Playing and Reality*. London: Tavistock Publications.

Winnicott, D. W. (1975). *Through Paediatrics to Psycho-Analysis*. London: Hogarthy Press.

Wollheim, R. (1993). Desire, belief and Professor Grunbäum's Freud. In: *The Mind and Its Depths*. Cambridge, MA: Harvard University Press.

专业名词英中文对照表

acting-out	见诸行动
alienating identifications	异化认同
anal withholding	肛欲期抑制
animal magnetism	动物磁性说
archaic experience	原初经验
chronological	时间性
construction	建构
countertransference	反移情
creative construction	创造性建构
decathexis	去投注
de-construction	解构
delusion	妄想
dis-identification	否定认同
embody	具身
enactment	行动化/活现
episodic memory	情景记忆
evocation	唤起
extra-transference	附加移情
factual memory	事实记忆
free associations	自由联想
genealogic	谱系性
Gestalt	完形
hallucinosis	幻觉性精神病
hallucinatoire par frayage	幻觉磨损
historical truth	历史真相
hysteria	癔症
id.	本我
identity	认同
implicit	内隐
interpretation	解释
intersubjectivism	主体间

introject	内射
libido	力比多
material truth	事实真相
mental pattern	心智模式
Nachträglichkeit	事后性
neurotics	神经症患者
non-neurotic	非神经症
parapraxis	动作倒错
passive position	被动位置
pseudo-masculine	假性男性气质
phallus	菲勒斯
preconscious	前意识
preverbal	前言语期
primal father	原初父亲
pseudo-masculine	假性男性气质
psychic reality	心理现实
psychosomatic	心身的
psychotics	精神病患者
recapitulation	重述
reconstruction	重构
regression	退行
repression	压抑
resistance	阻抗
screen memories	屏幕记忆
transference	移情
ungovernable mnemonic traces	失散的记忆痕迹
withdrawal	退缩